舌尖上的『三月三』

何志贵 主编

广西科学技术出版社

**图书在版编目（CIP）数据**

舌尖上的"三月三" / 何志贵主编. —南宁：广西科学
技术出版社，2020.3（2024年8月重印）

ISBN 978-7-5551-0669-2

Ⅰ.①舌…　Ⅱ.①何…　Ⅲ.①饮食—文化—广西
Ⅳ.①TS971.202.67

中国版本图书馆CIP数据核字（2020）第041132号

SHEJIAN SHANG DE SANYUESAN

舌尖上的"三月三"

何志贵　主编

责任编辑：饶　江　助理编辑：马月媛

美术编辑：梁　良　责任校对：夏晓雯　责任印制：陆　弟

出 版 人：岑　刚

出版发行：广西科学技术出版社　　地址：广西南宁市东葛路66号

电话：0771-5842790（发行部）　邮编：530023

印制：广西昭泰子隆彩印有限责任公司

开本：787毫米×1092毫米 1/16　印张：14　字数：206千字

版次：2020年3月第1版　印次：2024年8月第3次印刷

书号：ISBN 978-7-5551-0669-2

定价：58.00元

# 编委会

# 序 一

近年来，国内"舌尖"一词盛行。舌尖品"味"，不但形象地展现了美味和唇舌相逢的生物体反应，也暗含了中国饮食文化的历史和情怀。舌尖上的"三月三"，怀想壮乡遥远记忆中的稻作文化、酸食文化、茶食文化、酒食文化，勾起了味蕾上的乡愁，对故土的思念浓到化不开时，便在舌尖上集中爆发出来。

一方水土，一方食味。千百年来，广西人孜孜不倦地追求着味道的极致，孕育了一代又一代的壮乡儿女，他们发掘出百余种稻子吃法。在进食的过程中，食物通过口腔、通过味蕾与人达成情感的交流，这是一种绝妙的互动，在舌尖体验壮乡之味时，绵延千年的壮乡往事、散布于壮乡血脉之中的朴素情感，都会被释放。在这块神秘的土地上，有着丰富而独特的物产资源，壮乡民族善于在自然中寻觅滋味，来装点自己的美食，壮乡熏腊、苗乡油茶、侗乡酸食、瑶乡糯食等传统民族美食，运用古法技艺烹制，似乎永远都充满了无限的可能。除了舌之所尝、鼻之所闻，在壮乡文化里，对于"味道"的感知和定义，既起自饮食，又超越了饮食。

作为壮家女儿，当编者们拿着这本《舌尖上的"三月三"》邀请我写序时，心中思绪感慨良多。书里那些邻里家常的饭菜，古老传统的烹饪技艺，激发了我血脉中对壮乡味道的理解和记忆。

这本书里写到的所有食材，几乎都是百姓家寻常之物，没有一样是珍稀或"高贵"的，烹饪的技艺手法，也不是那么高超。大概在"美食家"的眼里，这离"美食"的境界实在是差得很远。但，恰恰是这一脉相承的传统味道，影响着广西人的日常饮食，且蕴藏着壮乡儿女对于滋味和世道人心的某种特殊的感触。

所以，带着对美食的执念，桂林旅游学院烹饪专业的师生们不辞劳苦，奔波于田野山头，收集整理出这份民族美食笔记。在这份质朴的笔记里，我们看到了融入壮族独特稻作文化的"三月三"节庆饮食和取于自然、药膳同源的饮食文化理念。春、夏、秋、冬二十四节气交替的万物色彩与味觉变化，把壮族传统技艺与文化融入菜肴当中，由此带来传统食材与古法技艺的结合，造就了一菜一格、百菜百味的人生哲理。所以，愿本书使广大读者在领略到壮乡美食的同时，还可以透过美食和我们一起回味厚重、多彩、素朴、自然、充满原真性的八桂历史文化和生活方式，去探寻那个深藏于远行人生路上的内心世界。

是为序！

桂林旅游学院党委书记

2018 年 11 月
于桂林

# 序 二

在少数民族人口占总人口37.94%的广西，汉、壮、瑶、苗、侗等12个民族共同耕耘着这片沃土，构成了一个多民族、多元文化融合发展的文化生态，形成了富有地方与民族特色的风土人情和文化传统。其中，唱歌是广西各族人民生活中必不可少的一部分，以歌代言，无事不歌，无人不会歌，无处没有歌，是八桂大地一道独特的人文风景线。广西各族人民会在特定的时间、地点定期举行民歌集会，其中"三月三"是最具代表性的民歌大会，这一习俗代代传承，成为优秀的非物质文化遗产。

"三月三"是我国海南、浙江、贵州等地多个民族的传统节日。在广西，"三月三"不仅是壮族的传统歌节，也是广西各民族共同的节日文化符号。每逢这一节日，各族人民除欢歌畅舞外，还要走亲访友，壮、侗民族宰猪、杀鸡，制作做五色糯米饭、糯米糍粑，煮五色蛋、豆腐圆，蒸菜包，打油茶，炖酸鱼、酸肉，用富有民族特色的食品招待客人，逐渐形成了丰富的"三月三"美食。

对于自然资源丰富，民族民俗文化多彩的广西，"三月三"美食仅是一个代表，它根植于饮食文化源远流长的桂菜之中。桂菜历史悠久，主要由南宁、桂林、柳州、河池、梧州、北海等城市菜和桂西地区壮族、瑶族等少数民族风味菜构成。从地域及风味上划分，又可分为桂北地区、桂东南地区、滨海地区与少数民族地区四大风味区域。在多年发展中逐渐形成桂东南鲜、嫩、甜，桂东北偏咸、鲜、辣，桂西南偏咸、酸、辣，滨海地区清淡、鲜嫩、爽滑的风味格局。桂菜选用食材讲究纯天然、原生态，烹饪手法多样，力求保持物料的原汁原味。近年来，不少桂菜和小吃带着这一特色走出广西即受到国内外美食爱好者的追捧。

《舌尖上的"三月三"》一书，对具有广西节日文化符号之称的"三月三"文化进行了全面的介绍，特别是对"三月三"的饮食文化给予了图文并茂的诠释。作者从壮族稻作饮食文化入手，深度剖析"三月三"饮食文化的起源、成型和进步，对桂菜的形成与发展、内涵和特点进行了梳理，完整勾勒了广西"三月三"饮食文化和桂菜文化的全貌，为读者了解广西饮食文化提供了重要依据。

《舌尖上的"三月三"》是一场民族美食的文化盛宴，期待着读懂它的人品鉴。

是为序。

中国烹饪协会副会长
世界厨师联合会终身荣誉委员

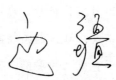

2018 年 11 月
于北京

# 前　言

　　哈佛大学人类学原教授张光直先生曾谈到"到达一个文化的核心的最好方法之一，就是通过它的肠胃"，关于世界各民族文明的研究，往往是以该民族的烹饪饮食活动为起点的。饮食不仅表现在餐具食材、烹调方式、用餐礼仪上，而且被作为文明和文化的标志，渗透到政治、经济、军事、文化、宗教等各个方面，无形中代表着一个国家、一个民族的性格特征和民族精神。

　　或许与其他国家、民族不同，"单就饮食一道论之，中国之习尚，当超乎各国之上……以世界人类之师导之"，在中国的文化里，饮食一直贯穿始终，被置于非常重要的地位。俗语说"民以食为天"，纵观中华民族几千年的文明史，上至帝王将相的宫廷宴饮，下至黎民百姓的粗茶淡饭，都有着悠远深厚的历史文化背景和渊源。从某种意义上来说，饮食和饮食文化是中华民族在长期的生产和生活中累积起来的最伟大的物质财富和精神财富。

　　饮食文化涉及哲学思想、中医养生、审美情趣、民族性格特征、食品科学技术等诸多方面的内容。我国幅员辽阔，物产丰富，不同的自然环境和人文环境，也造就了各地异彩纷呈的饮食文化内涵。对于饮食文化的研究，前人论著颇丰，所以在确定以饮食作为本书选题时，我们也一度深感不安和担忧，唯恐自己浅陋的学识不足以将包含着本民族最根本的文化基因、最深沉精神追求的传统饮食展现出来。

　　我们深信，饮食是了解一个国家、一个地区、一座城市最直接、最重要的窗口和途径。庄子眼中的"鼓腹而游"，是古代社会最美好的人类记忆，对于饮食文化的追求和了解，也应当是愉悦心灵的。出于这样的初衷，我们最终还是确定了从广西"三月三"这一传统节庆食俗入手，广视野、多角度、深层次向广大读者介绍除了"桂林山水和桂林米粉"之外的广西，用通俗易懂的语言描述八桂大地的传统饮食文化全貌，述说每一道美食菜品背后的历史传说、趣闻轶事，甚至还详细介绍菜品的食材、烹调制作工艺等，旨在为广大读者呈现出一幅多姿多彩的饮食文化画卷。

　　这本书的出版得到了许多单位和个人对我及团队多年来的不懈支持。在此，衷心感谢桂林旅游学院的领导、中国烹饪协会副会长边疆先生、桂林伙楻漓江料理出品总监张石方先生、广西烹饪餐饮行业协会秘书长吴东栋先生、玉林师范学院腾永军大师的大力支持。感谢广西本科高校特色专业（烹饪与营养教育）的资助、教育部西南地区旅游和健康教育扶贫实验项目资助 XN0202B、广西大健康产业背景下烹饪与营养教育专业"双主体"协同育人教育共同体的研究与实践 2019JGZ156 资助。同时，本书在编撰整理过程中，得到了桂林旅游学院师生、桂林伙楻餐饮有限公司的大力支持。无论是春寒料峭，还是烈日酷暑，烹饪专业的学生们都快乐积极地为我们采集第一手原始资料，协助完成书籍的资料整理。在编写过程中，我们参考了许多国内外专家学者、同行的论著，引用了部分网络资料，材料来源未能一一注明，在此一并向原作者表示诚挚的感谢。

　　尽管我们力求本书做到内容翔实，图文新颖，可读性强，但由于作者水平有限，且编写时间仓促，书中难免有疏漏和不足之处，敬祈有关专家和广大读者批评指正。

编者

2020 年 2 月 20 日

# 目 录

第三章　海纳百川新食味　/ 069

# 第一章 源远流长壮乡情

"尼的呀，尼的呀，美丽的广西谁能不爱她。尼的呀，尼的呀，美丽的广西尼的呀……迎宾那坡酒，那坡酒，待客西山茶，西山茶。览胜德天飞银瀑，访古花山有壁画，有壁画。尼的呀，尼的呀，最美是那刘三姐，山歌传了个遍天下……尼的呀，尼的呀，神奇的广西谁能不爱她。尼的呀，尼的呀……尼的呀，尼的呀，最美是那绿城的花。香飘飘，迎来了满天下。尼的呀，尼的呀，尼的呀……"[1]

这首"壮族三月三"节庆主题曲《广西尼的呀》不仅歌词优美，具有浓郁的广西地方文化特色和强烈的时代气息，而且曲调欢快，突出体现了广西民族节庆的特点。歌曲推出之后，深受听众的喜爱，迅速传遍广西的大街小巷，甚至通过"国际版MV"、南宁国际民歌艺术节、加拿大建国周年庆典、世界知名视频网站等多种渠道向海外传播，在全球范围内"声闻万户"。在不同的时间和不同的场合，不同的群体对歌曲《广西尼的呀》进行了不同的演绎，澎湃的激情和火热的表演传递出海内外人士对美丽壮乡的浓厚情谊。源远流长的"壮族三月三"文化随着歌曲《广西尼的呀》传播出去，逐步走向世界，蜚声海外。

"尼的呀"是壮语"好的呀"的意思，如今已经成为广西地方文化的一个代表性符号。每当《广西尼的呀》唱响的时候，人们的思绪就会被带到美丽壮乡广西一年一度的盛大节日——"壮族三月三"中。

---

[1] 张名河，赵琳. 广西尼的呀［J］. 音乐创作，2016（2）：15–17.

## 歌海里走出来的"三月三"

广西，是一片神奇的土地。这里世代居住着汉、壮、瑶、苗、侗等 12 个民族，其中少数民族人口共 2179.48 万人，占全广西总人口的 38.92%[①]。各族人民共同耕耘着这片沃土，和谐相处、共同发展，使八桂大地形成了多民族、多文化融合发展的文化生态，孕育了富有地方和民族特色的风土人情和文化传统，以"刘三姐文化"为标志的"歌海"便是其中的一个代表。

"三月三"广西非遗展演——拦路歌

① 广西壮族自治区统计局. 人口规模适度增长 城镇化水平稳步提高——改革开放 40 周年和自治区成立 60 周年经济社会发展成就系列报告之十三 [N/OL]. 中国政府网，（2018-12-05）[2019-7-30]. http://tjj.gxzf.gov.cn/ztlm/60zn/201812/t20181205_150199.html.

在八桂大地上，自古以来人们以歌代言、无处不歌、无事不歌、无人不会歌，唱歌是广西各族人民生活中必不可少的一部分，是八桂大地一道独特的风景线，"出门三天不带米，拿妹话语（歌声）当干粮"是广西民歌盛行的生动描述。广西各族人民不但在歌节时唱，平常日子也在唱。"清早出门就唱歌"是壮族的日常生活，围着火塘"坐妹"唱歌是苗族男女青年的生活写照，"行歌坐夜"是侗族的生活习俗。百色、河池、柳州、南宁、桂林等地市长年有各地歌手汇集对歌。因此，广西素有"歌海"之称，并得到世人的公认，而歌圩是"歌海"最典型、最集中的表现形式。1934 年编的《广西各县概况》记载，当时广西有歌圩活动的就有二十六个县，几乎遍布广西各地。到 2011 年，据不完全统计，广西共有五十多个县有歌圩流行 [①]。

广西的歌圩习俗由来已久，且遍布广西许多地区的各个民族，其中尤以壮族影响最大。此外，瑶族有"歌堂"和"歌会"，苗族有"坡会"，侗族有"月也"和"走寨"，仫佬族有"走坡"，毛南族有"分龙节"，京族有"哈节"，等等。尽管各民族对于歌圩的叫法不同，歌圩的具体内容也不尽一致，但集体对唱山歌却是各种歌圩相同的主要形式。正所谓"饭养身，歌养心"，广西各族人民通过举办各种民族"歌圩"，达到密切交往、交流感情、修身养性的目的。

壮族的"歌圩"过去因地域和文化的不同，有"歌圩""圩欢""圩逢""笼峒""窝坡"等不同的称谓。尽管称谓不同，但均有"坡地上聚会""坡场上会歌"或"欢乐的节日"等意思。它是壮族民间传统文化活动的代表，也是男女青年进行社交的场所 [②]。传统的壮族歌圩活动主要有三个方面的内容：一是"倚歌择偶"，即通过男女之间对唱山歌，相识并了解对方，建立情感，相恋相爱，甚至私订终身，具体有游歌、见面歌、求歌、接歌、盘歌、相交歌、唱信歌、思歌、离别歌、约歌等；二

---

① 潘琦. 广西歌圩探寻［J］. 当代广西. 2011（19）：56.
② 李英辰. 壮族歌圩：审美与仪式的复合体［J］. 广西科技师范学院学报, 2016（8）：13.

是赛歌赏歌，其典型的方式有盘歌（一方盘问一方唱答的歌）、猜歌（猜谜对唱的歌）、对子歌（对对子的歌）、连故事歌（描述历史故事或者民间传说的歌）、抢歌和斗歌（场面较为紧张激烈的对抗性争斗对唱的歌）；三是文化娱乐，除了对歌，歌圩上一般都会开展各种地方特色的戏剧、曲艺、体育、游戏等文化娱乐活动，如壮剧、师公戏、采茶戏、抛绣球、碰红蛋、抢花炮等。截至 2017 年 3 月，广西共有 640 多个壮族歌圩点，覆盖壮族聚居的各个地区①。其中，敢壮山布洛陀歌圩形成于隋唐以前，现被认为是中国最大的歌圩。

田阳敢壮山是传说中壮族始祖布洛陀的故乡，也是歌圩发展历史最为久远、歌圩文化保护最为完好的地区之一②。每年的农历三月初七到初九，田阳敢壮山便举行盛大的纪念壮族始祖布洛陀活动，同时开展对唱山歌等丰富多彩的民俗文化活动，吸引田阳周边县、市，乃至海内外的众多壮侗语系同根同源的民族参加。历史上，敢壮山歌圩曾经经历了一段较为长久的繁荣时期，之后因社会政治、经济和文化的发展变化而起伏发展。直到 21 世纪初，由于得到中央和广西各级地方政府的政策指导和财力、人力扶持，壮族歌圩被列入第一批国家级非物质文化遗产名录，敢壮山歌圩文化被纳入布洛陀文化圈的开发保护工程，重获新生。

在壮语中，诗即歌，歌即诗。那么广西壮乡歌谣起源于何时呢？"歌圩"又是如何形成的呢？据《华阳国志·巴志》记载的"周武王伐纣，实得巴蜀之师，著乎尚书，巴师勇锐，歌舞以凌，殷人倒戈"，这里的巴方族指的是壮族先民。另据西汉刘向《说苑》中所记载的《越人歌》，被考证为壮族先民借汉字记音方法作的歌谣。文学史家、楚辞学专家游国恩考证认为，《越人歌》产生于近三千年前的春秋战国时代。还有，广西左江花山岩画中，就有壮族先民聚会欢歌狂舞庆祝胜利的热闹场面，由此可见壮族歌谣历史非常久远。

---

① 陈学璞. 挖掘传统精华 创新演绎形式［N］. 广西日报，2017-3-30（005）.
② 袁飞. 广西田阳敢壮山歌圩文化的传承与保护［J］. 云南民族大学学报（哲学社会科学版），2010（9）：90.

至于广西歌圩，应在唐代之前就已经出现，到清代已经非常盛行。清屈大均《广东新语》记载："唐中宗年间（705～710年）刘三妹与白鹤乡一少年登山而歌，粤民及瑶、僮诸种人围而观之，男女数十百层，咸以为仙，七日夜歌声不断。"这里的刘三妹就是壮族人民心目中的歌仙鼻祖——刘三姐。宋人著的《太平寰宇记》中记载："壮人于谷熟之际，择日祭神，男女盛会作歌。"而周去非在《岭外代答》中详细描绘了歌圩众多的精彩画面："村团社日喜晴和，铜鼓齐敲唱海歌。都道一年生计足，五收蚕茧两收禾。""岭南嫁女之夕，新人盛饰庙坐，女伴亦盛饰夹辅之。迭相歌和，含情凄惋（婉），各致殷勤，名曰送老，言将别年少之伴，道之偕老也……凡送老皆在深夜，乡党男子，群往观之，或于稠人中，发歌以调女伴，女伴知其谓谁，亦歌以答之。""上巳日（农历三月初三），男女聚会，各为行列，以五色结为球，歌而抛之，谓之飞驼。"

关于"歌圩"的起源，广西各地民间流传着多个版本的说法，主要有悦神和择偶两大类。有的说是源于刘三姐传歌和为纪念刘三姐"骑鲤升天"而定期举行的；有的说是古时有个头人为选妾而特意召集青年男女来唱歌，以便从中物色美女；有的说是从前有个老歌手，其女聪慧善歌，要挑选一个歌才出众的女婿，各地青年便闻讯赶来，赛歌求婚；还有的说是人们为纪念一对殉情的歌手而聚合唱歌。

尽管歌圩的起源说法不一，但是我们从这些传说中不难看出广西人民喜歌善唱的民族个性，以及"三月三"所包含的对"爱情"和"事业发展"等美好事物集体歌颂的文化内涵。

"三月三，九月九，歌儿挽着彩云走。三月唱播种，九月唱丰收，牧歌满山飘，渔歌浪中游。为什么家乡这样美，只因那各族兄弟手挽手。三月三，九月九，歌儿挽着日月走。三月唱希望，九月唱成熟，歌中有故事，歌中有追求。为什么祖国这样美？五十六个兄弟民族手挽手。"

"歌圩"文化的多元，不仅体现在起源说法不同，还体现在各地举办歌圩的日期差异。广西各地的歌圩一般是在每年春秋二季，日期不固定，大多是安排在农事较闲的季节，或者在较大的传统节日里举行，如

"三月三"歌圩盛况

春节、清明节、中元节、中秋节等。歌圩的规模有大有小，小型的有一二千人，大型的可达数万人之多。在所有的歌圩中，"三月三"歌圩最为隆重，在这个时候，壮族嘹歌、侗族大歌、瑶族蝴蝶歌、苗族土拐歌……交织在一起，成为广西独特的民族"交响乐曲"，回响在八桂大地上空，成为最动听、最响亮的民族团结之歌。广西各民族群众手牵手跳起多耶舞、板鞋舞、竹竿舞……他们用歌舞表达心意、共叙民族情感、赞美新生活、歌颂新中国。

　　"三月三"本是我国多个民族的传统节日，海南的黎族、贵州的布依族抑或是浙江的畲族、武陵山区的土家族等少数民族，甚至是汉族，均有过"三月三"的传统习俗。然而，只有在广西，特别是在壮族聚居的地区，对"三月三"习俗的传承最为完善，节日活动最为普遍，活动形式最多样，内容最丰富，气氛最隆重，特点最鲜明。每到这一天，南宁、柳州、百色、河池、崇左、来宾、钦州、防城港等地的壮、瑶、苗、侗、仫佬、毛南等少数民族聚居地区和梧州、玉林、贺州等一些汉族地区，家家户户都要制作五色糯米饭、染彩色蛋、杀鸡宰鸭、喝酒庆贺节日，有些地方过得比春节还隆重。2013 年，广西参与"三月三"节日庆祝的人口达 2700 余万人，占广西总人口的 54%。[①]

1983 年，广西壮族自治区人民政府正式将"三月三"定为壮族的全民性节日。2014 年 1 月 7 日，广西壮族自治区第十二届人民政府第 23 次常务会议审议通过了《广西壮族自治区少数民族习惯节日放假办法》，办法规定：从 2014 年 3 月 1 日起，广西壮族自治区少数民族习惯节日"壮族三月三"自治区内全体公民放假 2 天。

## "非遗文化"里的"三月三"

从远古歌海里走出来的"三月三"，其起源与宗教密切相关。但经过长期的历史积淀和传承发展，其内容、性质及表现形式也发生了演化和变异，宗教意味不断淡化和人性内容逐步增加：由"娱神"向"娱人"过渡，从"舞化"朝"歌化"发展，[②]从传统歌圩向现代歌圩演变，歌圩成为继承传统、民族交往、文化娱乐和发展商贸的重要场所。

近年来，"三月三"活动与新中国新风貌紧密结合，焕发出新时代的新活力，对广西本土民族文化及经济社会生活产生了较为深刻的影响，逐渐发展成为广西各族人民的共同节日，成为具有杰出价值的广西民间传统文化表现形式。2006 年，"壮族歌圩"被列入国家第一批非物质文化遗产名录。2008 年，武鸣"三月三"歌圩成为第二批自治区级非物质文化遗产。2014 年 12 月，"壮族三月三"成功入选国家第四批非物质文化遗产名录。自 2015 年开始，戴上了国家"非物质文化遗产"光环的民族节日"壮族三月三"，不仅节日的活动愈加丰富多彩，而且

---

① 周仕兴. 壮族三月三，一份来自春天的邀请［N/OL］. 光明日报，（2018-04-19）［2019-4-18］. http://baijiahao.baidu.com/s？id=1598179719577428507&wfr=spider&for=pc.

② 李顺萍. 壮族歌圩文化［J］. 传承，2007（4）：31.

节日的文化传统基因愈加彰显魅力。

柳州市三江县富禄"三月三"民族传统花炮节

　　尽管过去广西各地区各民族的"三月三"节日异常风行，但是大多活动都处于自发状态。近年来，广西各级各地政府对"三月三"节庆文化愈发重视，逐步参与到这一传统文化的保护中来。从 2014 年起，广西壮族自治区党委宣传部、民委、文化厅、旅游发展委、体育局等部门根据广西各地"三月三"传统过节习俗的不同，统筹协调，组织、引导广西各地各族群众，合理安排了各地各项活动的举办时间，"三月三"真正成为广西一个规模庞大、内容新颖、亮点纷呈的全民文化旅游大庆典，成为一个强大的文化"磁场"，吸引了众多游客和群众参与，使八桂壮乡成为一片欢乐的海洋。

"三月三"竹杠舞

有人认为，广西的"三月三"主要由"拜山"和"歌圩"两部分发展而来①。广西师范学院民俗学教授黄桂秋认为，祭祀和对歌是"三月三"最主要的两项传统活动②。当然，除此之外，文体娱乐和商业活动也是节日的另外两项主要内容，并愈发彰显出节庆的时代特色。

作为广西歌圩最重要的代表——"三月三"，其传统活动之一的祭祀，主要是指对歌赏歌前举行的公祭活动。公祭对象主要与歌圩有关，即与"三月三"歌圩起源相关的传说人物。由于各地各民族关于"三月三"的传说有所差异，各地各民族公祭所祭拜的对象也有所不同。广西各地"三月三"期间公祭的对象主要有生育神、乜帝甲、乜洛甲、娅娃、

① 何维颜. 广西壮族三月三民俗活动侧记［J］. 戏剧之家，2016（11）：227.

② 黄桂秋. 广西"三月三"有哪些民俗?［N/OL］. 广西文明网，(2017-03-27)［2019-05-03］. http://gx.wenming.cn/jr/201703/t20170327_4140589_1.htm.

蚂蝎（青蛙）、刘三姐（刘三妹）、布洛陀、囊亥（月娘）等。①传统上，祭台一般设在岩洞中或田峒上。

在广西民间，"歌圩"源于刘三姐传歌的传说非常广泛，所以各地"三月三"期间祭祀刘三姐的习俗尤为普遍，其中尤以河池宜州、柳州和桂林等地的壮乡为代表。除此以外，在广西大明山一带，由于当地流传"老姬与小蛇"的壮族神话故事，认为老姬乜掘救助小蛇而对其有恩，小蛇（后来化身神龙）为报恩于每年三月三前后回来祭拜老姬。人们为了歌颂乜掘的伟大品质和传颂孝道，不仅给老姬乜掘立庙，而且在"三月三"期间到"姐婆庙"（也叫"姥婆庙"，汉文里统称为"龙母庙"）举行盛大的祭拜活动。在桂西个别地方，则有英雄人物韦达桂的传说故事。当地传说韦达桂十分关心壮族人民疾苦，后因给壮乡人民禀告免交皇粮一事而被当地土皇帝憎恨陷害。在某一年的三月初三，他被土皇帝围困并烧死于山上。从那时起，桂西一带壮族人家为了纪念韦达桂，每年三月初三这一天便摆上五色糯米饭等祭品祭祀他的亡灵，唱起赞美和感谢的壮歌。

作为"三月三"节日重要的传承地——中国壮乡·武鸣，当地公祭的对象则是骆越祖母王。近年来，当地的骆越祖母王祭祀大典活动在罗波镇骆越祖庙罗波文化广场隆重举行。祭祀活动主要涉及"骆峒师公古祭祀舞""公祭骆越祖母王仪式"和"骆越祖母王神像巡游"三个重要环节，而作为公祭活动的主要环节——"公祭骆越祖母王仪式"，其活动内容主要包括唱国歌及骆越《喃嘟喝》、敬献丰收祭祀礼品及鲜花、向骆越祖母王神像三鞠躬、宣读祭文（壮语宣读，汉语翻译）、向骆越祖母王破香、送骆越祖母王回庙归位、鸣炮等多个程序。祭祀过程中，台上演员身着师公袍、戴着形态各异的面具，用锣、铜铃等乐器伴奏，唱起祭祀古歌，祭文宣读结束后，金黄的谷粒被大祭司洒向民众，村民和游客簇拥在一起，尽可能多接到一些象征福寿康宁、祈求作物丰收的

① 李燕燕. 浅谈壮族三月三歌圩［J］. 戏剧之家（上半月），2013（5）：82.

谷粒，这也是整个仪式的高潮部分。

各界代表和游客们给骆越祖母王敬献花篮和祭品，亲身体验原生态古骆越祖母王祭祀礼仪。①整个公祭过程，既庄严肃穆，又轻松热烈；既体现传统，又面向现代。

随着"三月三"歌节由"娱神"向"娱人"过渡，对唱山歌逐渐成为"三月三"节日活动的核心内容。过去，歌圩对歌的目的，一是男女择偶，二是斗智显能，其形式一般是青年男女三五成群相对而歌。②"三月三"中的对歌，其内容特别讲究，而情歌则是其绝对的核心。

传统上，参加"三月三"对歌活动的主要是青年人。不仅仅有本地人，还有众多来自外地的"赶歌圩者"。对于那些外地的"赶歌圩者"，不管是否相识，东道主村民都会热情接待，为他们提供食物和住宿。节日期间，他们以村落为小组，三五成群聚在一起，寻找其他村落的对歌对象进行山歌对唱。对歌形式有单人对唱和双人对唱，也有集体对唱。单人对唱时，通常由男生先唱"游览歌"，并在女生人群中寻找对歌者。一旦男生发现有自己喜欢的女生，便开始对其唱"邀请歌"或者"见面歌"。如果女生也对男生有意，便做出回应。双方通过对唱"询问歌"，彼此互相了解。在对歌的高潮阶段，双方对唱"交情歌"和"爱慕歌"。最后，在分别时唱"分别歌"。双方经过一番对歌交流，如果彼此有爱慕之情，就会互相赠送定情信物，并相约下一次的约会。当然，在不同环境、不同场合、不同年纪及不同程度的追求中，对歌的内容也有区分。

"三月三"对歌即兴性较强，歌词随唱随编，比喻要和当时的场景贴切，显得亲切、自然和感人，其过程是艺术性很高的文学活动，体现

① 韦倩丽，张修萍. 2019 年中国壮乡·武鸣"壮族三月三"歌圩暨骆越文化旅游节骆越祖母王祭祀大典隆重举行［N/OL］. 广西南宁武鸣政府网，（2019-04-09）［2019-09-08］. http://wuming.nanning.gov.cn/wmgk/rwwm/t1731831.html.
② 李桐. 广西壮侗民族"三月三"节日文化研究［J］. 广西民族研究，1989（3）：118.

歌者广博的知识和智慧。[①] "三月三"活动不仅仅有情歌对唱,有些地方还有"斗歌"和"抢歌"等习俗,唱有传统故事歌、生产歌、风俗歌、历史歌等,其内容非常广泛,不仅涉及生活常识,还涉及天文、地理、政治、经济等。由于"三月三"对歌时歌者往往带着择偶、交友等目的而去,所以临场能极大激发歌者的艺术创造激情;又因为对歌现场是即兴演唱,所以很能锻炼歌者的思维。

然而,随着时代的发展,传统意义的"三月三"逐渐失去了原有的生态环境,"对歌"习俗也在悄然发生变化。一方面,由于青年男女大多不再"倚歌择配",青年人唱歌对歌逐年减少,歌手年龄呈现出老龄化趋势,对歌主力由原来的年轻人变成了老年人,而且人数规模逐年减少,歌圩活动也常常以赛歌的形式举行;另一方面对歌内容也发生较大变化,爱情歌虽然还是对歌的主要内容之一,但歌唱新时代新生活的内容不断得到充实,成为对歌活动的亮点之一。

"三月三"节日的文体娱乐活动随着社会的发展不断变化、丰富,并体现了浓郁的民间色彩和鲜明的时代特色。传统"三月三"节日的文体娱乐活动主要有爬山、抛绣球、打铜鼓、打扁担、碰彩蛋、抢花炮、斗鸡等,还有土剧、师公戏、采茶戏等文艺演出。这些娱乐活动,有些已经退出了历史舞台,有些则焕发新的生机和魅力,成为人们喜闻乐见的娱乐活动。

爬山是过去百色市田阳一带壮族三月三节日特有的活动之一。当地人认为在爬山竞技中获得优胜的小伙子是精明能干和有福气的,因此比赛结束后他们便能得到姑娘们的青睐。喜欢他的姑娘会送给他米酒、糯米饭或者布鞋等。一旦小伙子接受姑娘送给他的礼物,则表明他也爱上了这个姑娘。

抛绣球是壮乡"三月三"节日中的重要传统娱乐活动。据传绣球原是古代的一种兵器,到了宋代抛绣球便演变成为壮族男女青年表达爱情

---

① 李顺萍. 壮族歌圩文化 [J]. 传承,2007(4):31.

的方式。在宋朝朱辅的《溪蛮丛笑》、周去非的《岭外代答》和刘锡藩的《岭表纪蛮·婚式种种》等著作里，均有记载古代广西一些地方的壮族青年男女在"三月三"期间到野外举行抛绣球活动的习俗。通常如果女子对男子有意，就会把绣球抛给男子。如果男子也对女子有好感，那么他也会把定情信物系在绣球上抛还给女子。现"抛绣球"仍在广西百色、柳州、南宁、河池等地区广泛流传，其中尤以靖西等南壮县份最为著名。

"三月三"抛绣球活动场景

　　铜鼓是由我国南方古代濮、越人创造，是我国古代西南少数民族的一种具有特殊社会意义的铜器。它原是一种打击乐器，后来又演化为权力和财富的象征，被视为一种珍贵的重器或礼器，因此也成为被祭祀的对象。被誉为"世界铜鼓之乡"和"中国铜鼓之乡"的河池市是目前世界上已知的民间传世铜鼓分布最为密集的地区。当地一些少数民族素来有在节日庆典或祭祀中击打铜鼓的习惯，这一风俗一直沿袭至今。现在东兰、南丹、天峨等地壮族群众每年过"三月三"时，都要以击铜鼓的方式表示庆贺之情，象征喜庆吉祥。多年来，河池东兰、南丹、天峨等地"三月三"期间的铜鼓文艺表演，以独特的民族魅力广受观众的喜欢。

"打扁担"也称"扁担舞""谷朗"，是广西壮族民间流传千年的原生态舞蹈，每逢重大的民族节日，广西都安、马山及周边地区，总能看到群众在街头巷尾或晒谷场上欢乐起舞的身影，祈求风调雨顺，人寿年丰。打扁担的舞蹈形式多样，舞者多为双数。表演者在日常的劳动地点旁，手拿扁担，有节奏地撞击板凳和扁担。千人竹竿舞是近年都安县"三月三"一项特色民俗活动，其节奏明快、隆重热闹、娱乐性强、挑战性高，被外国游客誉为"世界罕见的健美操"。

千人竹竿舞

碰彩蛋是三月三歌圩中一种男女青年的交际择偶习俗，过去流行于广西壮族分布的多个地区。彩蛋其实是染了颜色的熟鸡蛋，相传碰彩蛋可以卜测佳运。歌圩上，双方各持彩蛋对碰，若双方的彩蛋同时被碰破，说明双方有缘有分；如只是单方被碰破，则有缘无分。活动中，小伙子会主动用自己手中的彩蛋去碰自己所中意姑娘手中的彩蛋，但姑娘们一般都会暗中准备好一两只硬壳彩蛋来对付，或有意回避，除非她们也恰巧遇到自己所中意的心上人。因此，想要彩蛋同破是件不容易的事，结果多是相碰蛋破，双方借以鸡蛋互赠以作干粮，借此表达相识心意而已。当然，一旦彩蛋同破，彩蛋则作为男女青年的传情之物，两人分享食用，播下了爱情的种子。

　　"三月三"期间，柳州、南宁、邕宁、武鸣、上林、田阳、富川等地的侗族、汉族、壮族、瑶族、仫佬族等民族还流行着抢花炮这一民族特色浓郁的民间传统体育活动。其中，尤以三江侗族的抢花炮最负盛名，据传已有五百多年的历史。节日期间，侗乡的男女老少穿上节日盛装，聚集到庙前广坪或开阔地段，参与或见证这一被称为"东方橄榄球"的传统运动项目。侗族的花炮是用红布缠绕的铁圈，直径约 7 厘米。花炮一般分为一炮、二炮、三炮，分别代表丁炮、财炮和贵炮，寓意人丁兴旺、财源广进和加官晋爵，但也有的地方含义不一。[①]比赛时，参赛队员斗勇、斗智、赛耐力、赛团结，奋力争抢由火炮打上空中的花炮，抢得花炮的人被认为来年最有福气，也最受姑娘青睐。富川县瑶族的抢花炮习俗不同于其他地方，其花炮高 4 米、宽 1 米左右，框架是用竹木扎制而成，外面糊上五颜六色的纸张，其图像有古代人物、帝王将相、飞禽走兽、亭台楼阁等。花炮炸开后，各种具有美好寓意的物件从天而降，村民们无论年龄大小都去抢这些礼物，抢到后，就把这些物件摆放在家中的神台上，以求来年愿望成真。

　　斗鸡活动是广西民间一项传统娱乐项目，于壮、侗、苗、仫佬等少数民族中广泛流传，深受民众的喜爱，其历史至少可以追溯到宋代。"三

---

① 李桐. 广西壮侗民族"三月三"节日文化研究 [J]. 广西民族研究, 1989（3）: 120–121.

月三"期间,这一活动尤其兴盛。养殖经验丰富的人员饲养和训练出来的"战斗鸡",体型高大、魁梧强健、性情凶猛。打斗过程中,场面异常激烈紧张,双方对峙,嘴腿并用,腾闪击打,扣人心弦,极富刺激性和观赏性。

"三月三"节日期间,各活动举办地会聚集大量的人群,这就为商贸活动提供了良好的机会。早期由于商品经济不是很发达,"三月三"节日贸易主要局限于本地区的各类土特产品,如农副产品、生产工具、生活用品、副食品及工艺产品等。后来随着国家经济部门及个体工商户的逐步参与,节日贸易有了更大的发展,用于交易的各类商品也越来越丰富,现代气息越来越浓,新旧文化在此得到交流碰撞。

随着时代的发展,广西的"三月三"节庆活动越来越丰富多彩,并愈加体现时代和区域特色。2019 年,由自治区层面牵头开展的主要活动有 37 场,全区 14 个设区市组织开展的活动达 900 场。[①]活动紧紧围绕庆祝新中国成立 70 周年的主题,突出欢乐、祥和、喜庆的基调,包括"桂风壮韵浓""民族体育炫""相约游广西""e 网喜乐购""和谐在八桂"五大版块活动,彰显壮美广西的开放包容和文化自信,成为广西又一张享誉全国的文化名片。

## 舌尖上的"三月三"

中国是一个饮食文化大国,绝大部分传统节日都和美食密切相关。广西人的"三月三"也不例外,不仅有各式各样的民俗活动,特色美食也格外挑动人的味蕾。"三月三"的节日食俗,形式上与传统民族活动息息相关,内在承载着民族文化的基因。

"三月三"早期的节日食俗与祭祀和婚恋密切相关,其中,糯米饭

---

① 阳映,宋永杰,周藤静.［2019"壮族三月三·八桂嘉年华"系列活动综述］壮乡
 欢腾又飞歌 八桂共享嘉年华.（2019-04-15）［2019-9-9］. http：//www.sohu.com/
 a/308116675_120057057.

（包括"乌饭"和"五色糯米饭"）可以说是传统"三月三"最具代表性的节日食品了。其不仅历史久远，流传广泛，而且至今依然为广西广大民众所钟爱。"乌饭"是一种用枫树叶汁水浸泡加工而成的黑色糯米饭。"五色糯米饭"则是包含多种色彩的糯米饭，大多为黑、红、黄、白、紫5种，故名。因地域风俗不同，各地"五色糯米饭"的"五色"并不完全一致，一些地方会出现绿色和蓝色等其他颜色，甚至一些地方的"五色糯米饭"只有其中两三种颜色。

　　碰彩蛋、吃彩蛋，是广西"三月三"的一种传统习俗。[①]"彩蛋"（"红蛋"）是广西"三月三"的另外一种传统特色食品。如前文所述，彩蛋其实是染了色彩的熟鸡蛋。《中国民俗读本》记录："（广西）歌圩点四周邻近的村寨，家家户户准备五色糯米饭、米粉和彩蛋，以招待各方来客。"[②]《柳州方志》有记载："农历三月初三日（或为二月十九日）为'花婆节'。……太阳村镇的壮族等农家在此日煮蛋染红给自家小孩吃。"[③]《壮行天下：壮族卷》也有记载"壮族人……蒸成五色糯米饭，将鸡蛋煮熟染成彩蛋，然后……就外出唱歌。"[④]广西人"三月三"流行吃"彩蛋（红蛋）"，很可能是受到中原生殖文化的影响，如"简狄沐浴，吞食五色蛋生契和女娲用五色石补天"等的神话传说。[①]古人认为，蛋是生殖的象征。因此，人们在少数民族诞辰、礼俗、儿女出生（俗称"打三朝"）的喜庆日子里，都会散发彩蛋给大家吃[⑤]。

　　除了具有特殊意义的"糯米饭"和"彩蛋"，广西各地还有诸多别具风味的"三月三"传统美食。由于农历三月初三与清明节靠近，这个时期正是艾草最为鲜嫩的季节，用其制作成艾叶糍粑，有消除腻意、增

---

① 覃桂清. "三月三"源流考［J］. 民族艺术，1994（1）：65-66.

② 晓雯. 中国民俗读本. 贵州教育出版社［M］. 贵阳：2010（11）：165.

③ 柳州市地方志编委会. 柳州市郊区志［M］. 北京：方志出版社，2004：174.

④ 严风华. 壮行天下：壮族卷［M］. 南宁：广西民族出版社，2010（8）：79.

⑤ 谢海清. 三月三 地菜煮鸡蛋，城乡建设［J］. 1999（3）：45.

进食欲的作用，艾叶糍粑也就成了广西"三月三"必吃的美食之一。正所谓"年年艾叶绿，岁岁馃泛香"，"三月三"期间，艾叶糍粑遍布广西各城市的街头巷尾，得到喜爱和追捧。

鸡矢藤粑是广西北海的一种特色小吃，"三月三"吃鸡矢藤粑是当地的一种节日习俗。许多中草药书都有记载，鸡矢藤有祛风活血、止痛解毒、消食导滞、除湿消肿的功效。《北海市志》记载："（每逢'三月三'）不论城乡，采摘一种有臭味名为鸡矢藤的藤本植物叶绞汁，和米粉作条状煮糖水，谓之鸡矢藤粑。全家进食，相沿成习，云能驱邪，实略有驱蛔虫之效。另以一种名为三叉斧的野生灌木与鸡矢藤一束同栓于门上，亦云辟邪。"

广西舌尖上的"三月三"，其文化形式不仅体现在各地各民族的特色食品上，还体现在各地独特的饮食活动上。"三月三"期间的壮寨，"簸箕宴"是颇具特色的传统习俗。所谓"簸箕宴"，是指用"簸箕"作为盛装器具的乡村酒宴。壮族的"簸箕宴"由何而来？民间传说其源于旧时壮族人一起外出劳作，在中途休息的时候就把各自带的食物

大化"三月三"活动场景

拿出来放在芭蕉叶上一起分享。正因为如此，"簸箕宴"成为了壮族人"分享和团圆"的象征，所以也就成为了邻里亲朋间聚会的首选。"三月三"期间的"簸箕宴"唱主角的往往不是大肉大酒，而是"山珍"和"土茅台"。

在龙胜和三江侗族聚居区，"三月三"有吃"百家宴"的习俗。"百家宴"也叫"长桌宴"，是由村民们用一张张桌椅拼接而成的宴席，其规模短则数十米，长则数百米，通常摆在鼓楼坪等空地上。宴席上的美味佳肴，都是侗寨村民一家一户提供的。"三月三"期间的"百家宴"热闹非凡，人们会不停地"窜桌"，将每家饭菜都品尝一遍，寓意吃百家饭、连百家心、驱百种邪、成百样事。

**龙胜百家宴**

由于不同地区的物产、风俗和大众喜好的差异，桂南、桂北食物在外形、制作流程、文化内涵和食用方式上都有着些许不同。当大家在"三月三"这天品尝美味时，品尝的不仅是味，还有背后的文化内涵。换句话说，很多食物不仅仅用来解渴、充饥果腹，而且形成了独具特色的"三月三"饮食文化，成为了广西各族人民精神文化的反映和生活方式的组成部分，"三月三"饮食文化成为了广西的文化品牌和名片。

自20世纪80年代以来，在政府发展民族文化的思想指导下，广西"三月三"的节日名称和内涵、举办时间和地点、节日组织主体、节日程序和内容等方面，都发生了较大的变化。自2014年以来，广西"三月三"已经成为跨族群跨地区共享的节日。[①] 在此背景下，"三月三"美食也在不断突破传统，虽然"五色糯米饭"和"彩蛋"等依然是节日的主要代表美食，但广西各地各民族其他特色食品也不断被挖掘出来，并以不同的形式展示在节日之中。舌尖上的"三月三"，俨然成了广西地方特色美食的大展台。

---

① 许晓明. 从族群标识到文化共享——20世纪80年代以来壮族三月三的变迁 [J].
广西民族师范学院学报，2018（12）：11.

第二章　一脉相承传统味

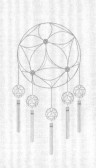

俗语说，"民以食为天""人生大事，吃穿二字"。饮食是普通民众日常生活的一件大事。广西地处中国大西南，是少数民族聚居、历史悠久、具有丰富文化内涵的沿海省份。壮族人口占 30% 以上的县市共 54 个，占广西县市总数的 60%。而壮族人口比重在 50% 以上的有 40 个县市，这 40 个县市的面积总和为 11.19 万平方公里，占广西总面积的 47.3%。可以说，广西地区的饮食结构以及饮食习俗，很大程度上体现的是壮族的饮食文化特色。

## 五色糯米饭——五色糯米饭，五色壮乡情

每年农历三月初三、清明节或四月初八牛王节到来之际，广西壮族地区，家家户户都喜爱蒸食五彩斑斓、软糯香甜的糯米饭来庆祝节日。这一独特的食俗延续至今不变。五色糯米饭俗称"五色饭"，因蒸煮出来的糯米呈现黑、红、黄、紫、白五种颜色而得名，也有称之为"青精饭""黄花饭""乌米饭""花米饭"等，清代《武缘县图经》载："三月三日，取枫叶泡汁染饭为黑色，即青精饭也。"

由于没有确切的文献记载，五色糯米饭的起源无从考证。但关于五色糯米饭来历的传说，在广西地方县志中有所记载。一说是古时大旱，一个名叫韦特桂的壮人，为解除百姓疾苦，奏邀土皇帝亲往壮乡视察，欲用计使其免去皇粮。土皇帝发觉中计后大怒，并下令将其捉拿。壮乡百姓听闻，连夜送其上山躲藏。皇帝的兵将搜寻不到，便放火烧山，要

把韦特桂逼出来。皇兵走后，百姓们在枫树树洞里找到了韦特桂的尸体，便含泪把他葬在枫树旁。那天正是农历三月初三，由此，以后的每年三月初三，壮族人就用枫叶等植物汁液把糯米染成红、黄、紫、黑等色，蒸熟后拿到山上祭拜这位为民请命的壮人。二说，古时候壮家村寨有个孝顺的青年叫特侬，他与瘫痪的母亲相依为命。上山砍柴时，为防止猴子抢食母亲最爱吃的糯米饭，便把枫叶捣烂取汁，浸泡蒸煮成黑色的糯米饭。猴子见一大团黑乎乎的东西，以为是有毒的食物，连碰也不敢碰，就逃走了。母亲终于不用饿肚子，而特侬吃了黑色糯米饭，觉得芳香甘甜，浑身充满力量。后来，这个做法传开了，壮家人都学着特侬做黑色糯米饭，后又试着做了黄、红、紫等颜色的糯米饭，到今天，逐步演变成了五色糯米饭。关于五色糯米饭，还有一个有趣的说法，在四月初八的牛王诞辰，家家户户用粽子叶包五色糯米饭喂牛，以此表达对牛王天神播草耕种功劳的感激，祭祀牛魂。

不管是哪一种来历和传说，都可以看出，五色糯米饭寄寓着壮族人美好的愿望和感情。现在，壮族人把五色糯米饭看做是"吉祥如意"和"五谷丰登"的象征，是用来招待客人的绝佳美食，正所谓：

"正月邻村少妇来，彩江清水采青苔。

姑姑煮熟黄花饭，盛在花篮待尔回。"

## 制作食谱

五色糯米饭以当地原生态高海拔的优质香糯米为主要原料，用传统工艺浸泡提取天然植物染料，经过传统方法蒸制而成。

制作糯米饭首先需要精选优良糯米品种，广西各地生产的糯米因自然环境的关系品质都很好，其中最优良的品种集中于桂滇黔山区。优质的食材、得天独厚的地理环境造就了壮族人民喜食糯米的饮食习惯。

（1）黑色糯米饭

黑色糯米饭所用的染料是枫香的叶子。枫香叶片晒干后呈黑色，经过 60～70℃热水浸泡 2 小时后得到黑色的染液。之后过滤染液去杂质，放入糯米浸泡，直到米饭上色即可。温度控制在 60～70℃，切忌煮沸。染液温度过高会让糯米难以着色。

（2）黄色糯米饭

可用姜黄的块茎、黄栀子的果实和密蒙花的花瓣来染色，任选其一即可。将染黄色的原料打碎，然后放入锅中，加热至煮出黄色的液体，煮后取出继续浸泡，直到黄色染液被充分浸提出来，放入糯米浸泡即可。也可以把姜黄捣碎后，放到糯米搓上色。需要注意的是染色的过程不能有油。

（3）红色糯米饭和紫色糯米饭

这两种糯米饭的颜色都来自一种中华本草——红蓝草。叶片较圆的红蓝草切碎后经浸泡煮水可将糯米染成红色，叶片较长的红蓝草，煮后浸泡可将糯米染成紫色。

（4）白色糯米饭

白色为糯米的原色，蒸熟即成。

五色糯米饭制作流程

五色糯米饭染色食材

小贴士

　　五色糯米饭除了满足营养和口味的需求，还有养生和保健功能，这些天然植物色素均有药用功效，对人体营养结构是一种有益的补充。李时珍的《本草纲目》论述了枫香树枝叶"止泄益睡，强筋益力量，久服轻身终年"，枫叶的活性成分具有消炎杀菌、活血生肌、行气止痛、解毒止血的功效。清代《侣山堂类辩》记载红蓝草："红花色赤多汁，生血行血之品也。"[①] 其成分有消炎、清热解毒、利尿、清肺热止咳、散瘀、凉血止血、消肿止痛的作用。《本草害利》记载："密蒙花，甘微寒，润肝燥，治目中赤脉，青盲云翳，赤肿眵眼，小儿疳气攻眼。"[②]《本草经疏》

① 蔡亚玲，阮金兰. 枫叶化学成分的研究［J］. 中药材，2005，28（4）：294-295.
② 杨光忠，陈玉，李援朝. 红丝线化学成分研究［J］. 中南民族大学学报（自然科学版），2005，24（2）：23-24.

记载:"栀子,清少阴之热,则五内邪气自去,胃中热气亦除。"[1] 栀子的药效成分是栀子苷、羟异栀子苷、山栀苷、栀子新苷、栀子苷酸[2],具有清热,泻火,凉血的功效。红苋菜身软滑而菜味浓,入口甘香,味甘,性箣寒,《滇南本草》记载其"治大小便不通,化虫,去寒热,能通血脉,逐瘀血",可清热解毒,利尿除湿,通利大便。《唐本草》记载姜黄"主心腹结积痃痒,下气破血,除风热,消痈肿。功力烈于郁金。"

[1] 韩澎,崔亚君,郭洪祝. 密蒙花化学成分及其活性研究 [J]. 中草药,2004, 35(10): 1086–10.

[2] 刘瑞英. 栀子成分综合提取工艺及色素的稳定性研究 [D]. 郑州:郑州大学, 2009.

## 菜包——匠心独具，仫佬菜包

菜包又称"包菜""包生饭"，是壮乡传统节日里常做的一道佳肴。作为"三月三""四月八"（牛魂节）的节庆食品，深受当地人的喜爱。壮族人分布的地域不同，菜包的做法与食法也略有差异。罗城仫佬族自治县的菜包，又叫龙岸菜包，是 20 世纪 60 年代困难时期下的产物。当时罗城有饥民将沿途所见的野菜采下，将稀少的饭团或是其他食物包裹其中，这种菜包在当时也是饥民少有的享受。另外，邕宁一带的侗族有吃"生包菜"的习俗，如用淡盐水浸泡生菜叶片，叶片要取厚、大、宽的，粉利刨丝后与腊肉切片同炒，炒香即成馅料。以生菜叶包馅心，加酸菜、鸡丝等配菜后同食即可。三江侗族一些区域还有酸菜拌鱼生、酸菜拌生猪肝做馅心的吃法。

制作食谱

①清水浸泡壮乡本地产香糯米，水温 25℃，时间 12 小时。

②把香菇、猪肉、香葱、虾米等配料剁碎后混匀。

③糯米和配料混匀，以油盐调味，即成包菜馅心。

菜包

④选用嫩的"厚皮菜"叶，用温水烫软后，包入调好的糯米馅心，四周合起包成一个长方体的菜包，表面抹花生油防干裂。

⑤放入笼屉中蒸熟即可，上桌时，淋少许香油，加香菜即可食用。

## 艾糍——三月三，艾叶香

俗语有云：家有三年艾，郎中不用来。清明前后，正是艾草最为香嫩的时节，将鲜嫩多汁的艾草采摘下来与糯米一同做成艾叶糍粑，既方便简单又美味营养，体现出了劳动人民的生活智慧。由于农历三月初三与清明节时间上比较相近，艾糍也成了广西壮族"三月三"的经典美食。

传说有一年清明节，太平天国的名将陈太平被清军追到苍梧，当地的一个村民帮助陈太平乔装打扮，把他安置在一个隐蔽的地方。清军为了找到陈太平，派军队在村子里驻扎，防止有人给陈太平带吃的，助其逃跑。那位善良的农民回家给陈太平准备食物，正在思索如何安全运出去的时候，突然脚底一滑，摔倒了，起来后发现自己身上、手上都染上了绿莹莹的艾草汁。他顿时想到了一个好办法，把艾草打成汁，和糯米粉揉在一起，做成翠绿的米团子，盖上青草，借此躲过了清军的审查，顺利让陈太平吃上了饭。陈太平吃过香糯又不粘牙的糯米团子后，体力大增，连夜赶回军营，他下令太平军要学会制作艾糍作为干粮。从此吃艾糍的习俗流传开来。

起初的艾糍只是艾草与糯米的结合，口感单一且苦涩。渐渐地，人们开始尝试在绿油油的艾糍中裹上糖，以冲淡艾草带来的苦涩，随后又出现了芝麻馅、花生馅、豆蓉馅，甚至是咸口味的黑木耳猪肉馅。口感丰富多样的艾糍渐渐被寻常家庭接受，从御敌自保的粮食摇身一变，成了日常生活中可见到的美味小食。

**"三月三"经典美食艾糍**

制作食谱

艾糍作为糍粑类食物的一种,由加入新鲜艾叶的糍粑面团蒸制而成。口感软糯,有艾叶香气,亦有馅心香甜。

（1）花生芝麻馅心

①锅烧热，花生 100 克生炒至熟，也可用烤箱烘烤，直到有明显花生香气即可出锅。

②熟花生去皮，拌入白芝麻 50 克，白糖 50 克，用料理机打碎，备用。

③拌入适量植物油揉搓，让馅心成团，搓成剂子方便包入。

（2）糍粑

①艾叶 300 克洗净，锅中烧水后放入小苏打 2 克，艾叶余熟后过冷水备用。

②艾叶中加入热水，艾叶与热水的比例为 1∶2，用搅拌机打成艾叶汁。

③糯米粉 300 克和粘米粉 100 克混合（3∶1），加入白糖 50 克，然后倒入艾叶汁搅拌混匀，揉成团即可。

（3）烹制过程

①包制。糍粑面团分等量剂子，按压平，将适量馅心包入其中，以虎口收口成团。可放入模具印花后脱模，更为美观精致。

②蒸熟。放入笼屉，用粽叶或油纸垫底，大火蒸 10 分钟即可。

## 小贴士

①艾叶中含有维生素和钙、磷、铁、锌等多种矿物质元素，其性凉、清热解毒，具有清凉、平抑肝火、祛风湿、消炎、镇咳等作用，因含有侧柏莲酮芳香油而具有独特风味。

②艾叶富含抗癌微量元素硒，具有较高的营养价值和保健功能。

③艾叶还具有抗真菌、平喘、利胆、止血、抗过敏等作用。

# 麻叶馍——河池麻叶美，芭蕉肉馍肥

麻叶，又名大麻叶、火麻头，为桑科植物苎麻的叶。主治咳喘，疟疾，蝎虫咬伤。麻叶最开始用于食用并非是在广西，但河池人却用其做出了一种独具特色的小吃——麻叶馍。每年清明节前后，老人去山里摘野生的麻叶，去掉它叶子上面的筋，只取叶子肉，把取出的叶子肉混在一起，用大木桩桩成一团，用清水漂洗后与糯米粉一起拌好，桩到色泽均匀，一小团一小团分好，开始在里边放花生、芝麻做成的馅料，自家做的还要在里边放小块肥肉，增加油性和口感，然后用芭蕉叶包好，放到蒸笼里面蒸熟。蒸出来的馍是软的，冷了之后有韧劲，能充饥，是一种流传很久的小吃。

## 制作食谱

①麻叶清洗干净，上锅把麻叶在开水里焯过。将糯米淘洗干净，晾干，和焯过水的麻叶一起，用搅拌机打成粉末，再加水，揉成米粉团。

②馅料分甜咸两种味型。甜型，就是将糖煮成浓糖浆，加适量猪油，与干米浆搓匀，拌以白糖、芝麻、碎花生仁为馅，包成长条形。咸型，则在干米浆中加适量盐，或用甜皮包咸馅。

麻叶馍包制过程

　　③在剪成方形的蕉叶上涂上生油，包上包好馅的米粉团，入笼蒸20分钟。

芭蕉叶

小贴士

　　麻叶具有清火、平肝、降压、强心、利尿的功效，对心脏病、高血压、神经衰弱、肝炎腹胀、肾炎浮肿等症治疗效果甚好。

## 罗播肉酒——肉中有酒，酒中有肉

罗播肉酒是广西桂平市的"奇食"代表。罗播肉酒，肉中有酒，酒中有肉。凡有贵客到访，罗播乡民们便会煮上罗播肉酒待客。农历三月初三，罗播有"三月三"游北帝的风俗。北帝又称北方玄天上帝，是天上北斗七星之神，传说他协助玉皇大帝执掌日月星辰的运行和四时天气的变化。传统的北帝诞辰活动包括设醮肃拜、北帝巡游、演戏酬神等，当然还有最重要的一项，就是制作正宗的罗播肉酒。据说，在明末清初，罗播当地有一个财主，一日他身体不适，被诊断为绝症，他想到自己命不久矣，就想多吃多喝，也不枉活了大半辈子。于是就从猪的各个部位割下一些肉，不光吃猪的精华部分，还用酒煮来吃，有酒有肉，寓意富足。吃了一段时间后，财主的身体变得越来越健康，他认为这肉酒具有驱邪治病的功效，于是号召周围人也跟着一起吃，罗播肉酒就此流传开来，成为罗播的标志性产品[①]。

制作食谱

①猪杂（猪脑、猪嘴、猪肝、黄喉、小肚、猪心顶、硬喉、粉肠、骨髓等）洗净，焯水备用。

②选用罗播当地土产22～30度米双酒放入瓦锅，加猪杂，不放油盐，合上盖子用小火慢熬。火候控制到酒冒泡但不沸腾为宜，酒冒泡片刻即可享用。

③食用前可适当加盐调味。

小贴士

用酒煮动物性食材有以下作用：

---

① 张智荣，桂平：舌尖上的"罗播三宝"，贵港日报，2014.05.04.http：//gx.people.
com.cn/n/2014/0504/c346595–21129666.html.

①酒精有较强的挥发性，伴随加热能更好地带走动物肉中的腥味。

②酒精是良好的有机溶剂，能较好地溶解呈香呈味的物质。

③酒精作为简单的醇类，与动物油脂中的脂肪酸部分发生反应产生酯类，有独特的芳香气味。因此，用酒烹饪有去异味、增香味的作用。

罗播肉酒

## 红扣黑山羊——马山黑山羊，极品女儿红

马山，广西这座低调却又展现了大自然鬼斧神工技艺的小县城，在神奇的喀斯特地貌上拥有各式各样的自然食材，其中又以黑山羊最为出名。红扣黑山羊肉质软捻酥、润滑可口，气味芳香，闻之垂涎欲滴。

马山黑山羊

红扣黑山羊这道菜，对于马山县人来说十分名贵，因此只有当贵客迎门时才会奉上。史载，明代思恩府知府岑瑛平定了多次叛乱，是深受明朝皇帝信任的土官（土官，即明朝政府在少数民族地区为了进行羁縻统治所承认的世袭罔替的"土皇帝"），人称"土臣之英杰者"。在任内他积极朝觐、进贡，贡品除了马匹、奇珍异宝外，还有马山黑山羊。明朝正统七年（公元1442年），岑瑛将府署从寨城山（今平果旧城）迁到乔利（今乔利乡府驻地）后，骑着骡子到马山古零土司辖区的琴堂村（今古寨乡加善村民委驻地）视察，当地瑶族人宰杀山羊进行款待。望着桌上这一盘羊肉做的"女儿红"，岑瑛十分喜爱，称其为上乘山珍，绝无仅有，并赋诗曰："琴堂第一地，羊扣为美食。待客第一礼，遥闻唾欲滴。"此后，岑瑛的赞美之语让多数不喜羊膻味的南方人对这道菜肴兴趣大增，红扣黑山羊誉满马山，名扬天下。这道"女儿红"就是日后的

红扣黑山羊，这道菜现今已成为南宁经典的传统名菜。

## 制作食谱

①红扣黑山羊采用黑山羊的花腩肉部位，经焯水、上色、卤焖至肉软烂。

②捞出冷却后，切成5厘米长的块条，摆整齐扣入碗中，加入适量海鲜酱、酱油、蚝油、盐、味精，放入高压锅中蒸15分钟即可出锅。

③出锅后扣入盘中，原有的汤汁制作浓芡淋入羊扣中，加以葱花点缀即可。

## 小贴士

马山黑山羊全身黑毛，生长环境优越，多为瘦肉，肉质鲜美，鲜香可口，本身的膻气较轻，以羊胎素为主的药物成分含量高于其他品种的山羊，具有较高的营养价值和药用价值。马山黑山羊已经走出马山，在我国东南沿海和港澳台地区都深受欢迎。

红扣黑山羊

## 水煮芭蕉心——花头瑶的"爱情美味"

北宋哲学家张载有首芭蕉诗，曰："芭蕉心尽展新枝，新卷新心暗已随。愿学新心养新德，旋随新叶起新知。"这首诗蕴含的道理就是：修行是一个循序渐进的过程，如同一层层地剥开芭蕉叶，摆脱外界的浮华，最终寻觅到真心，这就叫"觅心"。但觅心并不是等于得到了心，而是见心，剥尽了芭蕉，把芭蕉心亮出来，这个结果叫"明心"。若心明了，则也就见性了。这是古人对芭蕉心的赞美，但芭蕉心能做菜却很少有人知道。自古一方水土养一方人，靠山吃山，靠海吃海。在防城港一带，生活着一支瑶族支系——花头瑶，由于过去生活较为艰苦，便创作了这道关于芭蕉心的菜肴。再加上芭蕉开花与结果都是在一条花柱子上，给人以同心协力之感，所以寓意一条心、永结同心。花头瑶的水煮芭蕉心不但是日常生活中的常见菜肴，也是瑶族婚宴中必不可少的一道美食。在"三月三"，瑶族同胞们也会做水煮芭蕉心。

### 制作食谱

①用刀去除芭蕉心外面包裹的韧皮，只选用白净的内芯，切丝。

②水中加盐，烧至滚沸，投入芭蕉心焯水至熟，捞出待凉。

③大蒜、小米椒、香菜切末，与芭蕉丝一同用熟菜籽油凉拌或炒制，调味即可装盘。

### 小贴士

①芭蕉心焯水后不会褐化，可以保持原有的颜色。

②芭蕉心是瑶族——花头瑶传统常用药食两用食材，瑶族人认为食之有清热解毒的作用，促消化、通便之功效；芭蕉根捣烂涂患处，可治愈肿毒、风疹；芭蕉根取汁，则可以解渴，治疗风火牙痛、骨节烦热。因此，瑶族同胞用芭蕉心做菜，一方面是物尽其用，另一方面也是看中芭蕉心的食疗作用。

芭蕉心

水煮芭蕉心

## 酢肉——冬至立春作，宴宾一坛酢

"酢"通"醋"，酢肉顾名思义就是味酸的肉，是一种别具风味的腌制美食，也是宴请远方贵客的一道佳肴。清代孙宝瑄在其日记中就有"以酢肉饷宾友"的记载。在广西大瑶山，亦有别具特色的酢肉。由于古代交通不便，且较为贫困，许多瑶族先民便将食物进行发酵再贮藏。而制作酢肉是贮存肉食的好方法，一般在冬至后立春前，家家户户杀年猪，人们便将一部分吃不完的猪肉皮、猪头肉、猪颈肉等切成片，腌制储存到有酸味时再吃，别有一番风味。酢肉算是当地美食的标志之一。

过去，农民劳作极费体力，猪肉作为珍贵的肉类能补充体力，在物质不充足的年代是最好的美味。民国《同正县志》有载："西部山麓诸村远隔市廛（场），每合数村共同宰一猪，将分得肉和糯米粉生贮坛中，阅十余日可食，不须火化，经久更佳，名曰'酸肉'。"由此可知，酢肉是以糯米碾粉后包裹上猪肉，再经土坛腌制自然变酸而成，也是在祭祀时用以供神的肉。民国刘锡蕃《岭表纪蛮》亦有记载："若屠牛豕，即以其骨合菜并腌，俟其腐烂，然后取食。"现在，随着生活水平的提高，许多人也开始用质量较好的五花肉来制作酢肉。在南宁地区，这种酢肉主要指的是"五花扣肉"，腌制后炖煮而食。

### 制作食谱

制作酢肉的第一步是制作酢粉，将糯米炒熟，磨成粗粉，均匀地拌入盐巴。

酢肉的腌制：

①选取五花肉，洗净沥干水切块。

②将五花肉放入容器内，加郫县豆瓣酱、泡椒、姜末、白糖、白酒、十三香调味，最后加入酢粉拌匀。

③把调好味的肉放入陶罐后密封，倒扣至少48小时，直到发酸即可。制好的酢肉停止发酵后，一般可以储存一年左右。

④食用时，将酢肉从陶罐中取出，用盘装上，上笼蒸 10 分钟，撒上葱花即可。

酢肉

小贴士

部分地区还有生食酸酢肉的习惯，从食品安全的角度看，这样会增加患疾病风险，应尽量避免使用这种吃法。研究表明，食物的中心温度至少要达到 65℃以上才能杀灭绝大多数的致病寄生虫和微生物。

## 羊酱——壮乡里的四味"百草不乃羹"

广西大化瑶族自治县的饮食，种类多样，历史悠久，最为人称道的当数"羊酱""羊骨芭蕉心""鱼养鲜汤""鱼怪"，人称"大化四味"[①]。羊酱，又叫羊精、羊别，俗称"百草药"，它是都安、大化等地瑶族的传统食品，深受当地群众喜爱。羊酱不但味美，还具有药用价值，经常食用具有清肝明目、消炎去毒、促进消化的作用。如今羊酱在融水各种餐馆普遍推出，深受广大食客欢迎。"山羊吃百草，全身都是宝"，而山羊吃百草，精华在于"酱"，山民们称之为医治疾病的"百草药""长寿药"。[②]

传说瑶族始母密洛陀历尽千难万苦，终于创造了人类。可是过后不久，一场邪风恶雨袭来，造出的人类全部生了病，"上吐又下泻、肚痛又发烧、腰酸又骨痛、眼花手脚麻"。密洛陀忧心如焚，急忙找来大神沙拉把、布桃雅友商量对策。沙拉把、布桃雅友告诉密洛陀，山羊吃过百样草，懂得百样药，只有叫山羊去采草药，才能治好人类的病。于是密洛陀便喊来山羊，给山羊打造了一双利刀（羊角），叫山羊上山去采药。山羊翻过九十九座山，尝了九十九种草，攀了九十九个坳，采来了九十九蔸药，走得筋骨痛，走得眼昏花，跌下山九十九次，滚下岭九十九回，碰弯了双角，跌断了尾巴（所以如今山羊尾巴短，两角似弯刀）。山羊历尽磨难，终于采来了草药，密洛陀用山羊采来的草药治好了人类的病。从此，人间又有了笑声，人类又有了欢乐。

据史籍记载，宋代广西部分民族有吃"不乃羹"之俗，将牛羊小肠里未及时消化吸收的食物做成酱料佐餐，并视为佳肴待客。新中国成立后，广西部分瑶族仍保留此俗。当地人杀羊请客若无此菜，客则不满。

羊酱是河池山里人招待贵客的美食首选，如果去河池做客，主人用羊酱来款待，那就说明你是上宾。羊酱虽然有点苦涩味，下咽之后觉得

---

① 沈向农. 风情独特的"大化四味"［J］. 乡镇论坛，2013（18）：38-39.
② 都安羊酱［EB/OL］.（2013-05-16）［2019-01-13］. http://www.ihgx.cn/index.php？theme=meishiContent.html&typeid=511&aid=1097&reid=105.

甘味无穷，正所谓苦口良药利于病，这种苦味来自羊小肠中的羊胆。大多数刚屠宰的羊，所取的羊小肠不用经过清洗直接入锅烹制，这是由于内脏在羊的腹部没有被污染，这样也更有利于营养的保存。根据河池大化的瑶族人介绍，每逢过年过节或亲朋好友归来之时，他们就会制作羊酱，主要表达主人的热情好客之心，而羊酱制作好后客人喝了羊酱也说明了没有白白宰杀一只羊。

## 制作食谱

①取羊小肠，特别是粉肠最为适合，羊板油切小粒。

②锅烧热，入羊板油炼制羊油，取整段羊小肠炒香，炒透。

③取出炒熟的羊小肠，切小段，入沸水烹煮，及时撇去浮沫。

④煮约 10 分钟至小肠软熟。以糖、味精、葱花、食盐、熟花生碎调味。最后加入以香椿嫩叶制成的"椿叶酱"一同搅拌即成。

## 小贴士

①羊酱可通喉润肺、健胃滋脾、畅脉调经、舒筋活络、壮阳益精。

②香椿味苦、性平、无毒，有开胃爽神、祛风除湿、止血利气、消火解毒的功效，故民间有"常食香椿芽不染病"的说法。

**羊酱**

# 百草（牛瘪）汤——苗族人的百草丹

牛瘪汤，又被称为百草汤，是黔桂交界地的特色菜肴，深受当地人喜爱。侗族无牛瘪不成宴。"牛瘪"就是将牛宰杀后，把牛肠胃中没有消化的食物取出来，挤出液体，放入锅中，加入牛胆汁和佐料慢熬，沸腾后，将液体表面的泡沫过滤掉，即可食用。这道极富地域特点的美食只有最尊贵的客人才能品尝到。

侗族民间有句俗话"鸡吃百虫药在脑，牛吃百草药在囊。"这个"囊"就是牛的肠胃。侗族人杀牛前半天，会给牛喂它爱吃的中草药，杀牛后迅速取出小肠，挤出小肠内尚未完全消化完的草料和草汁，加水煮沸，过滤去渣，后兑上一点牛胆汁，就做成了特色菜肴牛瘪汤。

牛瘪汤深受侗族人的喜爱。侗乡流传"黄牛漫山遍野跑，尝尽山间百样草，胃内容物是个宝"的说法。牛是反刍动物，吃入草料后不是立即消化，而是不时将半消化的植物纤维反刍至口中，不断地咀嚼。因此牛吃百草，百草入药，人吃了百草汤，就可防病治病。所以，侗族人又有"杀牛而不做百草汤，这头牛白杀了"的说法。好的百草汤要用牛瘪原汁，不能掺水。每逢重大的节日，村寨侗族村民习惯宰杀黄牛过节，现场制作传统的"百草汤"。

不仅是侗族，其他少数民族也有食用"牛瘪"的食俗。据宋代朱铺著《溪蛮丛笑》记载："牛羊肠脏略摆洗，羹以飨客，臭不可近，食之既则大喜。"可见至少从宋朝开始，少数民族就已经在食用"牛瘪"了。


制作食谱

①选择喂养的肉牛，新鲜牛胃开口，取胃中黄绿色的胃液和草料。把汁液从牛胃中的混合物中挤压出来，再经过几道过滤程序，撇去渣滓，就得到了牛瘪汤的原料。

②先放入姜、蒜、辣椒、八角、花椒等煸炒，炒出香气后倒入新鲜

牛胃汁。

　　③大火煮开，看到浮沫泛起，香味飘溢，加入盐调味。

　　④最后加入切片的牛杂和牛肉略微煮沸，即成为美味的百草汤。

**百草汤**

小贴士

　　当地人很少有胃病，可能与长期食用百草汤有关。牛作为一种反刍动物，为了消化青草，进化出了四个胃，每一个都各具功能，所以具有不同的形貌。

　　四个胃中第一个胃叫瘤胃，也是最大的一个胃，占四个胃总容积的80%，特征是有许多乳头状突起，这些突起就像毛巾上的毛。这里有许多微生物，吃进去的青草就被这些微生物发酵分解。牛的瘤胃在饭店里被叫作"牛肚"。

　　第二个胃叫网胃，占总体积的5%，特征是胃的内壁上有六边形的蜂窝状褶皱，就像渔网一样。这里像一个筛子，没有充分发酵磨碎的食物会被过滤，继续留在瘤胃中消化。这个部位在食客口中被称为是"金钱肚"。

　　第三个胃叫作瓣胃，占总体积的7%，负责吸收食物中的矿物质。这里就是火锅里常吃的"牛百叶"。

第四个胃叫作皱胃，又叫真胃，主要分泌胃酸和消化酶来消化食物。可以说，前面的步骤只是预处理，到最后一个胃才开始通常意义上的消化。餐饮里这个部分也叫作"散旦"。

## 壮乡簸箕宴——壮族人的百家席

簸箕由竹条编制而成，是一种很普通的农家生活用具，日常用来晒谷子、装日常杂物等。壮族农家用一张大圆的竹簸箕做盘，以新鲜翠绿的芭蕉叶做底，用手来抓取食物食用的宴席形式叫簸箕宴。荤、素、主食、杂粮一应俱全。壮乡人一般在重大节日时或招待宾客、亲朋好友时设簸箕宴。一群人围坐宴前，相互聊着家常，谈着人生与理想，怀念过去，展望未来，表达了美好的愿望和寓意，也体现了壮家人的热情与好客。

壮乡簸箕宴，又叫壮乡蕉叶簸箕宴，发源于百色地区。以前百色壮民经常一同外出劳作，休息时各自将带来的食物放在簸箕上一起享用，象征着分享与团结。久而久之，簸箕宴成了壮族人民邻里亲朋间聚会的首选特色菜。

簸箕宴

制作食谱

壮乡簸箕宴是一种就餐形式，不单单指某一种或几种菜。

一般来说会有壮乡特色美食，常见的有爆炒粉肠头、红焖狗肉、壮乡煎粽、凉拌木耳、酿豆腐、白切猪肠、石板香肠、炒芭蕉花、红烧茄子、壮乡香肠、炒莜麦菜和壮家土腊肉、壮乡炒饭等。

## 横县大粽——包裹起来的情谊

大粽，也叫粽子、粽粑。横县有"无粽不成年"之说，过年吃大粽，就是要有好意头。过年的大粽，又叫"年粽"，正所谓"年粽，年粽，年年中"。不过，过年期间可不是天天都可以吃大粽的，大年初一就不可以，特别是还在读书的孩子，据说若孩子犯了这个禁忌，在新的一年里，脑袋会不灵光，被大粽包裹束缚着。包大粽，似乎是横县人民每年必做之事，是每个姑娘必会的活儿，特别是结了婚后更要每年包粽子，外来媳妇嫁来要做的第一件事就是跟婆婆学包粽子。不过有当地人称："若在这一年中，家里有父母亲去世，那么新的一年就忌包粽，寓意是当年无人包粽子，以示悼念已故亲人。但可以让其他亲朋好友包好了送过来，意思是已故的亲人不在了，只能由他人帮忙包粽子。"当地人过年要走亲访友，挑几个大粽送给亲戚是最风光最体面的事情了。

横县大粽以体大、色泽光亮、味香鲜美而闻名于广西，连续两届获东南亚国际旅游美食节金奖。年年吃年粽，这年粽不只是好吃而已，其中蕴含祖先留下的家乡的味道，是广西游子与家乡的纽带，片片香叶，只只大粽，涓涓乡情！

至于是何时开始吃年粽，这一问题在史料古籍中鲜有记载。有说是起源于生殖崇拜：在广西，包大粽，用本地的壮话音译为"杜逢"，与包襁褓的"杜鹏"语音相似，且大粽平底、上拱、中部隆起，就像孕妇的腹部，加上内部材料的糯米象征胎胞，肉条象征脐带，绿豆则是供胎儿汲取的养分。但这一说法未能在古籍中得到证实。

### 制作食谱

①制作粽心肉，选用新鲜的猪肉，切成重约150克的长方形，用精盐、姜末、蒜末、米酒腌制一天。

②将糯米淘洗干净，每500克糯米均匀拌入8～10克盐。

③粽叶最好选宽大平实的，先把粽叶放入锅中加水煮沸，用清水洗

净即可。

④把洗净的粽叶摊平，放入 250 克糯米、洗净去皮的绿豆、粽心肉，然后再放 250 克糯米，包成长方梯形，用绳子捆好。

粽子包好当天要用大锅煮七八个小时。煮粽子时，要注意火候，用猛火烧至水沸腾，然后用慢火，使水保持沸腾的状态，在这个过程中，不断加水，避免烧干锅。三四个小时后，把锅内上下层粽子对调。

横县一般白天包粽，晚上煲粽。翌日早上即食用，谓之"起粽"。此时，粽香芬芳，味道鲜美，真是"闻到大粽香，神仙也跳墙"。大粽可存放半个月左右，食用时蒸热，也可以切片煎着吃。

横县大粽制作过程

小贴士

　　横县大粽主原料为当地产的生态富硒大米、优质绿豆、猪肉，这使得横县大粽具有独特的保健价值。粽叶是岭南地带特有的植物，粽叶性寒，有色绿、叶香、柔韧、保鲜、防腐的特点和清热解毒、降火的功效。

# *京族风吹饼*——京族聚三宝，风吹虏芳心

　　京族风吹饼是广西东兴市京族三岛最有名的地方特色风味小吃之一，顾名思义，这种小吃薄如纸，甚至可以被风吹走。糯米磨成粉浆后蒸熟，撒上芝麻，然后晒干、烤制，食之香脆爽口，风味独特。风吹饼脆而不干，香而不腻。在夏天，还可以拿轻盈的风吹饼当扇子使用。风吹饼是过去京族人出海打鱼时的干粮，现在是京族人逢年过节互赠的礼品。2011年5月，风吹饼被评为"广西最受欢迎的旅游休闲食品之一"。

## 制作食谱

　　材料：大米、芝麻。

　　①浸泡好的大米打磨成米浆。

　　②大火烧水，在锅上装一个用纱布做成的摊饼工具，用平勺盛一勺子米浆，在纱布上面摊平，蒸熟。

　　③再在面上放入一层芝麻。

　　④将蒸好的米饼，放到架子上晾干。

　　⑤食用时用炭火烘烤至香脆即可。

京族风吹饼

## 梧州龟苓膏——诸葛平乱苍梧郡，将士起死龟茯苓

提到龟苓膏，最先浮现脑海的是梧州龟苓膏。梧州龟苓膏作为中国国家地理标志产品，是梧州本地具有悠久历史的药膳。在炎热的夏天，吃上一碗凉凉的龟苓膏，不仅能满足味蕾对美食的渴望，还具有清热祛湿、养颜提神的功效。这正是梧州龟苓膏能够畅销两广以及东南亚地区的原因。

三国时期，蜀汉皇帝刘备新丧，南方部分地区趁机发生了叛乱，诸葛亮前去平乱，率领将士驻扎在苍梧郡，将士多为北方人，来到这里后，水土不服，身体不适，严重影响了战斗力。困惑的诸葛亮询问当地人，当地人说，梧州环境湿热、多瘴气。当地人献上以当地乌龟、土茯苓熬制的热汤，将士们饮用后纷纷痊愈，该汤逐渐出名。

### 制作食谱

龟苓膏是历史悠久的梧州传统药膳，以前主要以名贵的鹰嘴龟甲（现以中华草龟甲代替）和土茯苓为原料，再配生地等药物熬煮制成。

食用时，把龟苓粉先用少量温水调成糊状，然后冲入沸水，冷却后即可食用。原味的龟苓膏略苦，所以可配蜂蜜汁、椰汁、炼乳等甜味食物食用。

### 小贴士

龟甲传统上取自鹰嘴龟，学名平胸龟，分布于我国南方。特征是有一个不能缩回壳中的大脑袋，另外还拖着一条长长的尾巴。现在野生龟数量已非常稀少，属于濒危物种，人工养殖进展不快，多用中华草龟代替。

让龟苓膏成型为果冻状的要点在于一种神奇的植物——凉粉草，也叫仙人草。这种植物富含可溶性多糖，是优良的植物胶质，促进了液体的凝结。

龟苓膏以梧州双钱牌龟苓膏为佳。

**梧州龟苓膏**

## 靖西番叽嘟——叽嘟布衣的铜板美食

靖西，一个坐落在广西绵延千里的边境线上美丽而神秘的边城，临近越南，可以感受异国独有的民俗风情。有不少人说，爱上这座小城，不是因为城中住着某个喜欢的人，而是因为城里的一道道生动风景线，一段怀旧往事，一座熟悉老宅，抑或是因为尝了难忘的小城美食，体验了边关风情，因此才会深深地爱上靖西，从而了解靖西。"英雄不问出处，人间仙境莫问出处，青山绿水流连靖西，在边关要塞看日出日落"。在靖西除了秀丽的边关风景和独特的异域风情之外，还有琳琅满目的传统小吃，为我们提供了更多的味蕾感官大餐[①]。

对于外地人来说，不知道靖西番叽嘟不足为奇，但是提到南瓜饼大家就并不陌生了，据靖西当地壮族人讲到，靖西番叽嘟跟南瓜饼很类似，有异曲同工之妙。相同之处是都需要通过油炸熟；不同之处在于番叽嘟的原料是番薯，南瓜饼的原料是南瓜，番叽嘟需要蘸糖食用，而南瓜饼则不需要。

"番叽嘟"的名字听起来是不是有些怪怪的？壮族人说"翻几嘟"或者"番叽嘟"是他们本民族的语言，至于翻译成汉语是什么意思，大家都给不出明确的答复。其中的缘由可能来自两个方面：一是从语言的角度来理解，就像英文译为中文一样，有时候保持英文发音的"原汁原味"会更好，如果翻译成字面意思反倒就没有那种意蕴；二是从民族融合的角度来看，中国历史呈现出"分久必合，合久必分"的发展规律，在这其中少不了少数民族之间、少数民族与汉族之间的交流。番叽嘟是一种用黏稠的糯米粉包裹住红薯蓉，蘸白糖食用的油炸小吃。刚炸好的"番叽嘟"表面金黄，白砂糖一沾上便快速融化，外酥香脆，内馅软中带劲，咬一口满嘴香甜，让人不禁一尝再尝。"番叽嘟"好吃不贵，在靖西的街头随处可见，可称得上真正的"铜板美食"。为什么称其为"铜

---

① 走进边关之城靖西，人间仙境莫问出处［EB/OL］.（2014-03-28）［2019-01-15］.
　　http://bbs.8264.com/forum-viewthread-tid-2074966-highlight.html.

板美食"呢？除了价格便宜之外，从铜板本身的大小来看，将番叽嘟做成铜板大小便于人们食用，一口一个，保证了番叽嘟外酥里嫩的口感要求，同时也满足了作为一种小吃应该有的品质追求。

## 制作食谱

①精选新鲜大个的黄心红薯清洗干净，然后将其煮熟，捣烂至泥状。

②把煮透的红薯表皮去掉，只留下金黄的"红薯肉"。

③将红薯肉和糯米粉混合，并充分地揉捏。

④将一层薄薄白色的糯米粉面团包裹在淡黄色糯米面团上。

⑤切片后，白边、黄心的番叽嘟的半成品就成型了。

⑥在番叽嘟下油锅前，一定要用手扭一扭，这样它才能在油锅里"翻筋斗"。

⑦七成油温下锅，炸至金黄即可捞出，沥干油分，可以蘸白糖食用。

番叽嘟制作过程

## 德保龙棒——壮族人的传统菜肴

龙棒是桂中、桂西北农村一带壮族人民很爱吃的一种传统美食。龙棒这一称呼源于壮语音译，是用血灌的肠子（猪血肠，又叫猪龙碰）。煮熟的龙棒盘似龙，伸直像棒，完美地阐释了龙棒这一名称。它也是农家每年腊月杀猪后必不可少的一道菜肴。每逢过年杀猪时，用微微温热的生猪血及碎肉拌上优质糯米，佐以猪油、酱油、盐、葱、五香粉等拌匀，灌入洗净的猪肠中，用绳子扎成一段段的，蒸熟后可以切成段吃，也可以切片。猪龙棒柔软滑嫩，有香气，味道鲜美，营养丰富，易消化，多吃不腻，深受壮族人喜爱。

壮族有一个不成文的习俗，无论谁家杀猪，都要制作龙棒，并把煮熟的龙棒分给前来串门的老人和小孩，赠送给亲戚朋友。小小的龙棒从一家分送到数十家，每一口美味的龙棒背后，都凝聚着壮族人对亲人、邻里最真挚的感情。

### 制作食谱

①杀猪时用盆装血，然后把事先煮熟的糯米饭或生糯米浆倒入猪血盆内，加入适量的精盐、葱花、五香粉等配料一起拌匀。

②把混合物用漏斗灌进事先洗净的猪小肠内。

③用禾草或小绳扎紧两头，切成数段，每段约60厘米。放进盛水的锅内用文火慢慢煮。在煮的过程中，火力不要过猛，还要经常翻动，避免局部过热而破裂。

④煮熟后捞出，用小刀切成约一寸长的小块，即可食用。亦可入油锅炸至表皮稍黄，出锅切块，上桌当主食，这样吃起来更加香脆可口。还可加入香菜、葱花、蒜末等凉拌。

德保龙棒

小贴士

①医学研究表明，猪血中的蛋白质被分解后，可产生一种能够消毒、润肠的物质，这种物质和身体内的粉尘以及有害的金属元素结合，然后排泄出去。

②动物血液营养丰富，很适合各种微生物的繁殖。血液的加工应尽可能快，以求新鲜，减少微生物的繁殖。此外，也要确保彻底煮熟，避免出现食品安全方面的隐患。

## 桂林米粉——桂林的美食名片

桂林米粉历史悠久，根据资料记载可追溯至上千年前，自秦始皇开凿灵渠统一岭南之后就留有传说。明嘉靖九年（1530 年），黄佐的《泰泉乡礼》收录"米粉"二字，中国人在食用了一千年这种米制条状食品之后，最终统一了其名称，开了食谱词汇的先河。从此，"米粉"一词，以美食为载体沿用至今。

桂林米粉店众多。远在清宣统年间（1909 ～ 1911 年），桂林就出现了一家名震全城的米粉店，名叫"轩茶斋"，这家店的米粉最有滋味的是"炒片"。所谓"炒片"就是把新鲜的牛肉铺在竹罩上焙干，再放到锅内用水焖，焖好后切片再炒。还有一家米粉店，叫"会仙斋"，它的米粉叫"碗底见白"。就是说，每一碗米粉放卤水的分量正好能拌完米粉，一滴不剩。"会仙斋"的卤水，加入罗汉果做调料，别有滋味，吃过之后，口舌生津，耐人回味。

无论清晨还是夜晚，桂林大街小巷，都散发着扑鼻的米粉香味。无论是桂林人，还是在桂林工作、出差的外地人，都会被米粉吸引，产生"米粉情结"。桂林的男女老幼，几乎不可一日不吃米粉。过去，米粉不仅是重要的"口粮"，还在百姓生活中扮演着重要的角色——青年男女到街头巷尾相亲的重要食物。若男方看上了女方，男方就当着媒人的面，请女方去吃米粉。如果女方欣然接受邀约，吃了米粉，这就表示女方对男方有意，这门亲事就算是基本定下来了；相反，如果男方不愿请女方吃米粉或者女方不愿接受邀请，这就表示双方或者一方无意，这门亲事也就没着落了。"一碗米粉定终身"，小小的米粉，承载了男女青年婚迎嫁娶的美好情意。

### 制作食谱

桂林米粉采用的是鲜湿米粉，需要每天制作新鲜的，很难保存。鲜湿米粉的制作工序是将上好大米磨成浆，装袋滤干，揣成粉团煮熟后压榨成圆根或片状即成。

①选当天制作的鲜湿米粉即可，把牛骨、猪头骨洗净，在沸水中余10分钟去油污。放入不锈钢桶中，加清水，小火煮5小时左右，过滤后留汤。

②锅内放入色拉油，烧至五成热时放入草果、桂皮、甘草、八角、香茅、砂仁、小茴香、丁香、香叶、花椒、陈皮、阳江豆豉、干辣椒小火煸炒15分钟，捞出香料，用纱布包成香料包，下入汤中小火熬2小时。

③锅内留油30克，烧至五成热时放入豆腐乳小火翻炒2分钟，放盐、味精、鸡粉、冰糖、酱油小火熬开，出锅倒入不锈钢桶中调匀即可。

④食用时米粉以沸水烫过后捞出沥水，加入适量卤水。放入锅烧（油炸猪脖肉）、牛肉等卤肉切片。再根据个人口味添加葱花、香菜碎、酸笋、酸萝卜干之类的调料即可食用。

**桂林米粉**

小贴士

桂林米粉的卤水是以猪骨头、牛骨、罗汉果和各式佐料、草药材熬煮而成，能缓解疲劳、活血舒筋，具有治疗病痛、预防疾病、强身健体的作用。

## 玉林牛巴——玉林人的"地方一绝"

位于广西东南边界的玉林是一个历史悠久的城市，"牛巴"则是这里的风味名吃，黄牛的臀部肉是制作牛巴的主要原料，这个部分制作出来的牛巴肉质细腻且富有嚼劲，是响彻广西的地方名食。

南宋时期，盐贩子多用牛运盐。一位邝姓商贩的牛在途中累死，他舍不得把牛扔掉，于是把牛肉腌制起来，做成牛肉干。回家后，他便把牛肉干分发给四邻，大家吃了纷纷赞不绝口，后来人们把按此手法制作的牛肉叫作"牛巴"。牛巴也成了玉林传统风味名吃。

### 制作食谱

①选用黄牛臀部肉（俗称"打棒肉"）6千克，洗净血污后用刀片成长12厘米、宽6厘米、厚2厘米左右的薄片。

②将肉放在盆内，加白酒200克，精盐80克，酱油100克，白糖100克，味精50克，姜汁、蒜白、葱白各50克，小苏打20克，硝水10克，混合拌匀后腌渍1～2小时。

③将腌制好的牛肉片一片片均匀地摊在簸箕上，放在太阳下晒至七成干。

④锅洗净，加植物油少许烧至八成热，以茶油或花生油最好，加进八角50克、草果8个、砂姜40克、桂皮50克、丁香40克、桂花40克、橘皮100克、花椒50克、茅根200克、姜块2块、蒜白100克、浸发冬菇100克爆香，然后投入晒好的肉干用中火炒，待肉干回软，锅中无汁时，加入清油翻炒，盖上锅盖，改用文火慢慢煨制1～2小时。中间需按时揭盖翻炒，以免焦底。

⑤将煨好的牛巴挑去姜、蒜、香料，油汁控去，然后晾凉，切好即可上桌，或另配原料烹制成其他菜肴。

玉林牛巴

小贴士

①黄牛的臀部肉是制作牛巴的最佳部位，这个部分做出来的牛巴耐嚼、味厚。

②八角、桂皮、桂花、丁香、草果、花椒、橘皮、砂姜、茅根、蒜白和冬菇一样不可少。

## 壮乡醇味——扶绥壮族酸粥

酸粥，壮话叫"酸粥媒"，是广西壮族独有的特色美食。在扶绥人心中，是无可替代的美味，几乎每家每户都会"土法制作"酸粥。在扶绥人的记忆中总是离不开酸粥，生活中更加离不开酸粥。在扶绥人的生活中，酸粥不仅是一道令人胃口大开的美味，它也是过去生活困难、物质缺乏的象征。那时候食物粗劣，难以下咽，酸粥帮人把食物"哄"入肚中，补充能量，因此，扶绥人的餐桌上少不了酸粥这一蘸料。如今，酸粥不再仅仅是蘸料，而是和其他食材一起做成一道道特色菜肴，如酸粥鸭、酸粥鱼、酸粥猪肚等。对于酸粥，多数人闻之色变，觉得是变质的粥。其实不然，酸粥并不是"馊"，独特酸味是谷物发酵形成的，气味不好闻，吃起来却十分美味。

相传李自成起义大军进京路过扶绥，当地老百姓非常高兴，泡好米准备为大军煮饭做菜。谁知情况突变，大军临时改变路线，绕道而过。老百姓泡湿的米太多，一时吃不完，倒掉又心疼。于是凑合着下锅，结果，煮熟后尝一口喜出望外，发酸的米饭比不酸时还要美味可口，而且还能解热祛火、清喉润肺、养胃健肤，酸米饭从此身价大涨，盛行不衰。后来人们故意将米泡酸煮粥食用，慢慢地发现这发酸的米煮的粥并没有影响其食用价值，反而"开胃健脾，护肤美容，妙不可言"。

酸粥

炒酸粥

酸粥鱼生

## 制作食谱

酸粥的制作并不复杂，将煮好的新鲜白米饭，舀出放凉后，倒入干净的陶瓷坛罐中，并加入使米饭发酵的菌种，可以是之前留下的"老酸粥"，壮话叫"酸粥媒"，在常温下经过 7 ～ 15 天左右的时间发酵腌制，就变成了香气扑鼻、味道鲜美的酸粥。

酸粥鱼，选用左江里的大罗非鱼，香煎过后，淋上调配好的酸粥料，再撒上黄豆、葱花，这道菜不仅在扶绥首届美食节上折桂，还成了南来北往客人们必点的招牌菜。

## 小贴士

①酸粥中的菌类对人有益，具有促进消化、增进食欲的功效。

②酸粥需要炒熟后食用，加入花生油、盐，也可根据自身喜好放入辣椒、鸡皮果、蒜米等一起炒制，炒熟后即可上桌食用。

③酸粥因其味道过酸，不常单独食用，扶绥百姓都是当作佐料食用，与其他食材搭配，可做成酸粥鱼生、酸粥鸭、酸粥黄豆、酸粥鱼仔、酸粥猪肚等菜肴。

④酸粥里偶尔会出现白色的酸虫，这是其特别的组成部分。酸虫和粥放入口中一嚼，虫汁流出来，酸爽体验最强。

第三章　海纳百川新食味

随着社会的发展，各民族之间的交流日渐紧密，壮族在形成自己民族特色的饮食结构和饮食模式的同时，又融合了汉族、瑶族、侗族、毛南族等其他民族和周边省份的一些饮食习俗。

## 柳州螺蛳粉——风风火火的柳州妹子，酸酸辣辣的柳州螺蛳粉

对于螺蛳粉，望文生义的话，可能会有和对鱼香肉丝一样的误解。鱼香肉丝里面没有鱼，同样的，螺蛳粉里面也没有螺蛳。螺蛳粉之所以叫作"螺蛳粉"，是因为它的汤头是用螺蛳熬制而成的。

螺蛳粉选用的是柳州特有的软韧爽口的干米粉，加上酸笋、花生、油炸腐竹、黄花菜、萝卜干、鲜嫩青菜等配料及浓郁适度的酸辣螺蛳汤水调和而成。红通通的辣椒油，绿油油的时令青菜，鲜美的螺蛳汤渗透每一根粉条，"鲜、酸、爽、烫、辣"正是它的独特之处，未尝其味先观其色便会令人垂涎欲滴。

螺蛳粉腥辣、酸臭的味道，是螺蛳粉最大的特色。精心熬制的螺蛳汤，略带着河鲜的腥味，汤的鲜辣与普通的辣不同，具有清而不淡、麻而不燥、辣而不火、香而不腻的独特风味。地道的柳州螺蛳粉都会配上"酸臭"的鲜笋。其实这种酸臭是新鲜笋经工艺发酵后酸化而成的，其味道让许多外地人"退避三舍"，但喜欢它独特味道的人却会觉得香，闻之开胃，想之流涎。

螺蛳粉最确切的发源地和时间已经很难考证，但是关于螺蛳粉的民间传说故事颇为丰富。很多柳州人认为，螺蛳粉起源地是 20 世纪的柳州工人电影院，当时电影院的生意非常火爆，夜市的老板就把柳州人爱吃的粉和螺蛳一起煮，但当时螺蛳粉配料少，顾客们要求店老板往粉里面多加些油和螺蛳汤。随着顾客的要求不同，夜市老板们不断改进，完善螺蛳粉配方。也有人认为，螺蛳粉出现在 20 世纪 80 年代，柳州市解放路南路有一家开干切粉的杂货店，店员吃早饭的时候，经常拿着自家的干粉去隔壁老婆婆的螺蛳摊上煮，再加上一些自己喜欢吃的烫菜，老婆婆也觉得味道鲜美，于是改进工艺、加入更多的辅料开始卖起了螺蛳粉。久而久之螺蛳粉便成了柳州美食的一张闪亮的名片。

就像壮族不能没有山歌一样，柳州也不能没有螺蛳粉。在城市的大街小巷，各种规模的螺蛳粉店铺比比皆是。每天，不管是清晨还是深夜，单独一人或携老带小，柳州人都要吃上一碗螺蛳粉。粉铺前，总有熙熙攘攘的吃粉人，只一口，就满口辛辣，痛快舒爽。有人说柳州妹子风风火火，说话做事爽快，像极了这碗酸酸辣辣的柳州螺蛳粉。

## 制作食谱

（1）食材

①主料：干粉、螺蛳、腐竹。

②辅料：酸笋、酸菜、猪脊骨、精瘦肉、生菜、炸花生米、萝卜干、黑木耳、草果、小茴香、香叶、葱花。

③调料：食盐、味精、料酒、酱酒、泡红椒、菜籽油、泡山椒、辣椒粉。

（2）制作方法

①猪脊骨剔骨，脊骨斩件。

②田螺吐泥。取水 1 千克，加入一把食盐，倒入一茶匙食用油，还可在水中投入铁器加快吐泥，吐泥半天即可洗净待用。

③倒油入锅，炸腐竹，把剩下的油倒入辣椒粉中，做成辣椒油。

④用猪脊骨煲汤，水里加入适量米酒。

⑤原料切成丝或者丁。酸豆角、酸菜丝放到锅里炒，不加盐；精瘦肉和木耳炒熟，放少许盐。

⑥放油，加姜片、蒜爆香，放入螺蛳炒，放盐和香辛料再炒2分钟，加半碗水，水沸腾后倒入骨头汤里煮。

⑦田螺肉煲汤至少1～2小时，加入辣椒油。

⑧沸水烫米粉，煮软即可。盛出加入准备好的配料，最后加入螺蛳汤即可。

螺蛳粉

小贴士

螺蛳粉中富含脑磷脂、纤维素、卵磷脂、蛋白质、胡萝卜素、各种维生素等多种营养成分，既可以一饱口福，又可以保健养生。

## 平乐十八酿——大罗神仙的礼物

各类酿菜也是壮族人传统的菜肴,在广西,数平乐十八酿,品种最齐全,最具特色。平乐县地处广西东北部,对于平乐人来说,"十八酿"不仅是一道美味佳肴,更是标志性的名片,其制作工艺让当地人自豪。

平乐十八酿之所以称为"十八酿",是以十八种不同的原料作为酿壳,以肉、蛋、豆腐等作为馅料,采用包、填、酿、夹等手法经蒸、煮、煎、烫等方式烹制而成。十八种酿菜包括螺蛳酿、豆腐酿、柚皮酿、竹笋酿、香菇酿、葫芦酿、南瓜花酿、蛋卷酿、苦瓜酿、茄子酿、辣椒酿、冬瓜酿、香芋酿、大蒜酿、萝卜酿、豆芽酿、油豆腐酿、菜包酿。其实,酿菜品种远不止十八种,"十八"只是泛指其多。广西桂北地区,几乎家家户户都善制"酿菜",酿菜既是家常菜也是席面菜,品种可多达上百种。

与平乐人说起"平乐十八酿",他会骄傲地告诉你,"十八酿"是大罗神仙的馈赠。传说古时候,十八罗汉云游到平乐,在尝过桂江鱼、品过石崖茶后,看到平乐的桂江沿岸山岭的农家和圩镇到处是鲜嫩的蔬菜,他们各显神通,做出了十八道酿菜,并将这菜谱留给了当地人。平乐当地有童谣佐证:"高罗汉做了个竹笋酿,矮罗汉做了个螺蛳酿。肥罗汉做了个冬瓜酿,瘦罗汉做了个柚皮酿。哭罗汉做了个辣椒酿,笑罗汉做了个豆腐酿。美罗汉做了个茄子酿,丑罗汉做了个苦瓜酿。长眉罗汉做了个葫芦酿,大胡子罗汉做了个豆芽酿。降龙罗汉做了个萝卜酿,伏虎罗汉做了个芋头酿。大嘴罗汉做了个南瓜花酿,高鼻罗汉做了个蛋卷酿。巨手罗汉做了个大蒜酿,三眼罗汉做了个香菇酿。天聋罗汉做了个油豆腐酿,地哑罗汉做了个菜包酿。"[1]

---

[1] 桂林市文化新闻出版广电局. 桂林非物质文化遗产概览 [M]. 桂林:广西师范大学出版社,2018.

**平乐十八酿**

地方影像志《广西传统名吃志》里提到，平乐酿菜源远流长，据史料记载，唐天祐二年（905年），平乐（古称昭州）发生"蛮夷"动乱。时任山东青州太尉陶英和李樑，被朝廷封为征南大将军，率八万军队远征，平定动乱。两年后，唐朝发生政变，朱温（梁太祖）易唐为梁。远征的陶、李等将士不愿为梁臣，遂辞官解甲，屯居于昭州南郊"南木峒"（即今张家、阳安、青龙、桥亭一带），成为平乐的第一代中原移民。这些远离故土的中原移民，以北方制作饺子、包子的方法，融合南方新鲜丰富的果蔬食材，创造性地发明了"酿菜"。

## 制作食谱

### 螺蛳酿

①将螺蛳洗净放盐水中煮熟，取出螺蛳肉。

②螺蛳肉与猪肉、薄荷剁碎后拌在一起。用手搅拌上劲，可适量添加干淀粉。然后用生抽、盐、胡椒、姜末、紫苏碎调味，可加少许白糖提鲜。

③将馅心酿入取出了螺蛳的壳中。将酸红辣椒及酸笋入油锅中爆炒，再把螺蛳酿入锅炒 1～2 分钟，加开水慢焖，生抽、海鲜酱、盐调味，约 15 分钟可起锅。

螺蛳酿

### 竹笋酿

①把新鲜竹笋煮软，在竹笋上划开五六厘米的小口（6～8 道）；

②煮熟的糯米拌入剁好的碎瘦肉，加入适当的盐和味精，再加入碎薄荷、油炸花生米作为馅心，接着将糯米馅酿入竹笋中，在油锅中炸，最后焖 5 分钟。

**冬瓜酿**

①将里脊肉、虾米和泡发好的香菇择洗干净，虾米和香菇切粒，五花肉剁成肉糜。混合后以生抽、盐、胡椒、糖调味，制成馅心。

②冬瓜去皮，挖出瓜瓤部分，切成2厘米厚片，焯水至软，待凉。

③酿入肉馅后，入蒸锅蒸8分钟。

④装盘后淋入芡汁即可。

**苦瓜酿**

①五花肉剁成泥，放入适量水、淀粉、姜粉、料酒、虾末碎、五香粉、香菇末、鸡蛋、盐，往一个方向搅拌。

②把肉酿放入切段的苦瓜里面，放进锅中，蒸10分钟左右。

③蒸苦瓜原汁倒入油锅中，加生抽、水淀粉勾芡，淋到蒸好的苦瓜酿上即可。

苦瓜酿

**柚皮酿**

①切开柚子皮，取白瓤部分，即为柚皮。

②将柚皮切成三角形状，在其中一边划口，水中煮软捞起，沥干水。

③五花肉剁碎、虾米切碎、炒花生拍碎、韭菜切碎，加入适量油、盐、糖、料酒、生抽、蚝油、胡椒粉、生粉、鸡蛋清，充分搅拌均匀。馅剁好混匀后从柚皮划开的口子酿入。

④放肉汤中煮开，也可拿来涮火锅。

**辣椒酿**

①辣椒洗净，去籽切蒂，放入盐水中浸泡。

②辣椒酿的肉馅与其他酿类馅料类似，将肉馅酿入辣椒。

③热锅入油，酿好辣椒入锅煎至表皮起皱。

④取一小碗放入少许白糖、酱油、玉米淀粉和少许清水调匀。倒入调好的酱油淀粉勾茨即可。

辣椒酿

**豆腐酿**

①水豆腐切 2 厘米厚片，中间切一刀不断。

②酿入调好味的肉馅（可参考节瓜酿）。

③入油锅小火煎至表面金黄，加入适量开水与番茄同焖。

④出锅前少量淀粉水勾芡即可。

豆腐酿

**茄子酿**

①将茄子斜切成2厘米一段，中间划口，不切断，淡盐水浸泡。

②酿入调好味的肉馅（可参考节瓜酿）。

③裹干面粉或鸡蛋面糊入锅炸制成型即可。

**豆芽酿**

①黄豆芽洗净后焯水，入冷水晾凉备用。

②猪肉糜加盐、生抽、姜末、葱汁、胡椒粉、芝麻油拌匀制成馅料。

③约20根豆芽一束，两端以韭菜或葱叶扎紧，中间填入肉糜。

④上蒸锅大火蒸5分钟。

⑤起锅，高汤加胡椒粉、鸡精调味后，淀粉水勾芡。

⑥汁水浇在装盘的豆芽酿上即可。

豆芽酿

**南瓜花酿**

①将鲜南瓜花去花蕊和老皮，洗净待用。

②猪肉末、豆腐、香菇、木耳、葱花加入适量油、盐、料酒、淀粉拌成肉馅。

③将肉馅填入南瓜花中。将外伸的花瓣往中间折回，插入花梗固定。

④入蒸锅蒸 8 分钟即可食用。

南瓜花酿

**蛋卷酿**

①瘦肉、马蹄及葱花剁成馅，加盐、生抽、胡椒粉调味。

②全蛋充分打散，加少量食盐。

③热油滑锅，沥出多余食用油。小火，把一瓢蛋汁平摊到油锅中，定型后放入馅，对折卷好，蛋卷两面煎至金黄后起锅。

④将煎好的所有蛋卷酿放回锅中，加水，加盖焖2分钟，调味后即可出锅装盘。

**大蒜酿**

①将蒜白切成10厘米长，用小刀均匀开口，水中煮软备用。

②酿进与节瓜酿相同的馅心。入蒸锅蒸熟即可。

大蒜酿

**香菇酿**

①将葱、姜、蒜切碎，与猪肉一起剁成馅。

②加入生抽、料酒、蚝油、盐，同向搅拌直至肉馅上劲。

③将香菇洗净，去蒂。

④填入肉馅，入蒸锅蒸 5 分钟。

⑤高汤以盐、鸡精、胡椒调味，勾芡后浇到装盘的香菇酿上即可。

**菜包酿**

①白菜或猪婆菜洗净，留叶。

②猪肉、胡萝卜、木耳剁碎成馅，加入生抽、蚝油、糖、盐，拌匀。

③菜叶用热水焯软。

④铺好菜叶，放馅，成卷。

⑤大火蒸 10 分钟，装盘。

⑥高汤以盐、鸡精、胡椒调味，勾芡后浇到装盘的菜卷上即可。

**油豆腐酿**

①猪肉末、豆腐、香菇、木耳、葱花，加入适量油、盐、料酒、淀粉拌成肉馅。

②油豆腐顶部开小口，取出里面的豆腐。

③酿入馅料。

④锅中油热后开小火，放入葱姜末爆香，加热水，放入油豆腐酿，煮开后加生抽、老抽、盐、糖调味，加盖煮 8 ~ 10 分钟。

⑤汁水收浓后勾芡装盘。

## 小贴士

"无菜不酿、无席不酿"，平乐酿菜的主要特色在于食材多样、荤素搭配、寒温相补。逢年过节，平乐人会把对幸福的追求寄托在酿菜中。

## 柳城云片糕——御笔亲赐的"白玉美人"

　　柳城云片糕有着一个富有诗意的名字——"白玉美人"。它色泽雪白、口感松软，这同它的制作原料密切相关。云片糕主要由糯米和白糖制成，再加上猪油、蜂蜜、桂花等，成形后的云片糕切成均匀的薄片。云片糕神奇之处在于，用手可卷成圆筒，来回卷曲而不断，香甜可口，入口即化。

　　相传云片糕的命名与乾隆皇帝有关。乾隆下江南时正值大雪纷飞，品尝到了一种香甜松软、清新可口的糕点，这种糕点如同飞舞着的雪片，对这种糕点大加赞赏，并赐名"雪片糕"。哪知乾隆高兴得大意将"雪片糕"误写成了"云片糕"，这便有了"云片糕"这一名字。

　　而柳城云片糕是产自柳城县凤山镇的特色点心，早在乾隆年间当地就已开始生产，并被列为贡品之一。1998年以来，柳城云片糕生产年产量在7000吨左右，主要厂家有凤山镇的信兴云片糕加工厂、福寿云片糕厂、新华饼厂、柳城糖业公司云片糕点厂（注册商标为"宫灯"）等，产品远销至东南亚，深受大家喜爱。

### 制作食谱

　　①原料：熟糯米粉1000克、绵白糖750克、麦芽糖（糖浆）50克、植物油80克、水120克、核桃仁65克、松子仁65克、麦芽糖（内馅）25克。

　　②制作湿糖浆：绵白糖、植物油、水、麦芽糖混合搅拌均匀，静置12小时。

　　③制作糕粉：在糯米粉中加入湿糖浆，揉搓均匀后过筛。

　　④制作内馅：切碎熟核桃仁、松子仁加麦芽糖、适量糕粉拌匀。

　　⑤入模：取深方模具，糕粉铺底，中铺内馅，最上层铺糕粉，压紧即可。

　　⑥炖煮：水微沸腾，带模具炖煮约2分钟，待云片糕成型，脱模。

⑦入蒸锅蒸 5 分钟，出锅后撒熟糯米粉。

⑧放凉后切片即可。

柳城云片糕

小贴士

云片糕有增进食欲、帮助消化及补充营养的功效。

# 梧州纸包鸡——广式卤味的代表

俗语有云"无鸡不成宴","民以食为天，食以鸡为先"。在中国，但凡节庆、喜庆筵席，以鸡肉作为菜肴是不可或缺的[①]。中国当代著名国学家、文化学者肖健为纸包鸡作了文化定位，认定纸包鸡是广式风味的代表作品，堪称传统节庆的第一道菜。

梧州纸包鸡源起"环翠楼"，发展于"粤西楼"。它始创于梧州，距今已有150多年的历史。当年，广西梧州北山脚下有一处环境幽雅的园林——同园。园林深处有一家专为豪门贵族享乐聚会的"翠环楼"，掌厨的是一位桂林籍姓黄的厨师。他发现客人已经对普通手法烹制的鸡肉失去了兴趣，为了招徕生意，经过冥思苦想，做出一道纸炸鸡。也有人认为梧州纸包鸡的创始人是港籍名厨崔树根[②,③]。不管创始人是谁，梧州同园"翠环楼"的纸包鸡从那时候起名声大振。1923年，黄厨师的徒弟宫华从"翠环楼"转到"粤西楼"掌厨。他在原来做法的基础上，对纸包鸡的刀工、调味、火候等方面加以改进，在摆盘中去掉头、颈、脚，鸡被切成块，作为宴席的第一道菜，博得两广食客的好评。

关于纸包鸡的来源，还有一个故事。相传在清朝末年的一个除夕夜，一位书生的妻子忙着做团年饭，便喊伏案苦读的丈夫过来帮忙杀鸡。书生身在厨房，心在书房，他将鸡宰杀后，大刀乱砍一通，将各种调料随意撒到鸡肉上，然后又钻进书房里读书。夜幕降临，儿女啼哭不止，妻子生气，喝令书生出来帮忙炸鸡。书生慌忙之中从书房跑到厨房的时候将写字用的玉扣纸也带到厨房，将腌制好的鸡用玉扣纸包住鸡肉就入锅炸了。不曾料想，炸出来的鸡非常好吃，从此纸包鸡

---

① 肖健. 粤菜广式卤味纸包鸡，荣膺"中国名菜"称号［EB/OL］.（2015-07-28）［2019-01-13］. http://www.sohu.com/a/24662510_218733.

② 杨勇. 梧州纸包鸡［J］. 食品与健康，2000（2）：43.

③ 江仙."纸包鸡"飞入寻常百姓家［J］. 国家人文历史，2012（8）：61.

诞生了①。

　　据说 20 世纪 30 年代孙中山先生的大儿子孙科在南京设宴款待宾客时也上了纸包鸡。参加宴席的冯玉祥第一次吃这道菜，没有什么经验，看到盘中色泽金黄的食物非常好看，就随手夹了一块放入口中……孙科因忙着到处敬酒，没有照顾到，回头看见冯将军咀嚼难以下咽，神情尴尬，当时就猜想冯将军必定是连同纸包鸡的玉扣纸也一起吃了，孙科急忙向冯将军悄悄示范怎样吃纸包鸡，冯玉祥这才明白，原来如此②。

　　1983 年，作为广西选送的唯一菜品，梧州纸包鸡赴京参加全国美食烹饪大赛，一举从同台比拼的众多佳肴中脱颖而出，摘得最佳美食之荣誉，一时名扬京华，赢得了"中华一绝"的美誉。1985 年，中央电视台录制《中国一绝》纪录片，指定拍摄梧州纸包鸡。此后以纸包鸡为招牌菜的大东酒家、粤西楼等梧州老酒家，纷纷挂起"中国一绝——梧州纸包鸡"的金字招牌。2014 年，梧州纸包鸡制作技艺入选梧州市级非物质文化遗产代表性项目名录。2016 年，"纸包鸡制作技艺"入选广西壮族自治区非物质文化遗产名录③。

　　改革开放后，梧州纸包鸡乘风续飞，誉满天下，再度辉煌。梧州纸包鸡为何能赢得如此大的名气？用行家的话来讲，"四特"成就了梧州纸包鸡之"一绝"④。

　　隔玉扣纸油炸的烹饪手法堪称是中国烹饪技术的奇思妙想，既充分保留了鸡肉的原汁原味，又体现了卤制的特色风味。其优点是滚油不入内，味汁不外泄，席上当众剥开，香飘满堂，油润明亮，配料香味经过

① 欧政芳. 芳香纸包鸡 [J]. 乡镇论坛，2015（27）：37.

② 江仙. "纸包鸡"飞入寻常百姓家 [J]. 国家人文历史，2012（8）：61.

③ 梧州市非物质文化遗产名录简介 [EB/OL].（2016-06-03）[2019-01-13]. http://www.gx.chinanews.com/special/2016/0603/5253.html.

④ 张采婷. 梧州纸包鸡：包不住的"仙气" [EB/OL].（2018-03-22）[2019-01-13]. http://hainan.ifeng.com/a/20180322/6451792_0.shtml.

高温得以进入鸡块内，使得鸡肉鲜嫩甘滑、原汁原味、醇厚不腻、气味芳香。入口甘、滑、甜、软，食后唇齿留香。凡初到梧州的食客，无不被那小碟子装着的荷叶状酱色小油纸包所吸引。这种纸，摩擦不起绒毛，卫生无毒，绿色环保，是历史上久负盛名的玉扣纸。急性子的食客，也只能像吃粽子那样耐心把玉扣纸全部打开。此为梧州纸包鸡之"一特"。

服务员总会微笑着告诉客人，吃纸包鸡有讲究，然后十分优雅地用刀子在玉扣纸上轻划十字花刀，香味顿时扑鼻而来，外表金黄而整体热气腾腾的鸡块若隐若现，食客见之无不垂涎欲滴，食欲大增。对此，民间有"玉纸轻挑满堂香"的说法。此为梧州纸包鸡之"二特"。

选料和刀工考究是梧州纸包鸡又一亮点。为确保纸包鸡鲜嫩滑美、营养丰富，选用的鸡均为岑溪当地果园、竹林散养的未下蛋的地道三黄鸡，体重不超过两斤半（1.25 千克）。主厨先是把三黄鸡宰杀煺毛后，清洗干净，沥干水分，去头去尾，只取鸡腿和鸡翅部分，然后用薄刀使出梳子刀法，晶莹剔透的八块梳子状鸡肉就呈现在眼前。此为梧州纸包鸡之"三特"。

配料是确保纸包鸡气味芳香的关键技术之一，这也是纸包鸡的特色所在。正宗梧州纸包鸡的配料多达十二种，其中古龙大红八角、蒙山大肉姜等是必选配料，再加入广西特产草果、红谷米、陈皮、五香粉、大小茴香、古月粉配成调料。宰杀好的鸡以老抽酱油、精盐、白糖、汾酒、麻油、五香粉、胡椒粉、葱白粒等腌制，再用玉扣纸逐件包好，放入花生油锅中炸熟。此外，必须取梧州白云山新鲜山泉水来调制酱料，这也是纸包鸡流传外地后无法保持原有异香的重要原因。此为梧州纸包鸡之"四特"。

## 制作食谱

主料：母鸡 1 只。

调料：姜汁 10 克、黄酒 50 克、白砂糖 200 克、白酒 100 克、酱油 200 克、花生油 100 克、五香粉 3 克、味精 3 克、胡椒粉 2 克。

①宰杀好的小母鸡去头、去脚、去翅膀、去除内脏，洗干净后，切成重约50克的小块，最后剖出梳子花刀。

②将裁好的玉扣纸，放入150℃的油锅中略炸，捞出备用。

③将糖、酱油和适量的味精、姜汁、五香粉、胡椒粉等放在一起搅拌成酱料。

④将鸡块放入拌好的调料中腌制10分钟左右，然后用玉扣纸包成长方形块，要包得严密不透气。

⑤把花生油倒入油锅中，烧至180～200℃，然后把包好的鸡块放入其中，炸至浮出油面，捞出装盘即可食用。

梧州纸包鸡

小贴士

①纸被油炸为什么不会燃烧？纸的燃烧需要有两个条件，一是温度要达到纸的燃点，二是纸张要与氧气接触。包裹鸡肉的玉扣纸燃点在220～230℃，油温一般在200℃以下，还未达到纸张的燃点。另外，因为油炸时，纸包鸡被油脂充分浸润。油锅中的热油隔绝了空气中的氧气。

在这样的条件下既没有到达纸的燃点，又没有与助燃的氧气充分接触。所以，包裹鸡肉的油纸并不会燃烧。

②三黄鸡肉质细嫩，味道鲜美，营养丰富，脂肪含量低，氨基酸含量高。除此之外，三黄鸡还富含磷、铁、铜与锌元素，以及维生素 $B_{12}$、维生素 $B_6$、维生素 A、维生素 D、维生素 K 等，可用于补血养身。

## 阳朔啤酒鱼——中西文化融合的美食风景

俗话说:"桂林山水甲天下,阳朔风光甲桂林",阳朔不仅风景秀丽,还有一道非常著名的美食——啤酒鱼。啤酒鱼的初创者已不可考,但可以确定的是,它的兴起是阳朔西街中西文化的完美结合。阳朔本地产的鲤鱼以中餐传统的红烧做法烹制,配以漓泉啤酒,相辅相成,最终制作出了这样一道极具地方特色的名菜。

这道菜起源于20世纪80年代初,是在阳朔县城老菜市场大排档发展起来的。在改革开放初期,啤酒虽是新鲜、不常见之物,但在漓江的游船上却是游客常常饮用的酒类之一。为满足游客对新品菜肴的需求,聪明的师傅在烹饪漓江鱼时加入了啤酒,结果没想到当西洋的啤酒遇到东方的漓江鱼,做出的菜肴别具风味,酒香且鱼肉鲜嫩,味美十足,便逐渐发展成一道名菜。

关于这道菜的起源还有另一说法,一名厨师在制作黄焖鱼的时候,误将啤酒当成料酒放入鱼中,重新做,时间又来不及,他只能将错就错,把菜端上去,出人意料的是这道菜大受欢迎,这名厨师索性改做啤酒鱼。经过30多年的发展,阳朔啤酒鱼已经成为一个响当当的地方品牌,现如今当地已有1000多家制作啤酒鱼的餐馆。

## 制作食谱

①酸豆角切段,酸辣椒、蒜、姜、青辣椒、红辣椒、西红柿切块。

②鲤鱼开背去除内脏,洗净。

③煎制鲤鱼,要点在于皮朝下,煎至表面金黄,皮脆。

④酸豆角、蒜、姜、酸辣椒焙干水分。

⑤加入辣椒酱,炒出红油。

⑥鱼皮朝上下锅,倒入啤酒,啤酒不要没过鱼皮,加盖焖煮5分钟。

⑦加入豆腐乳和青辣椒、红辣椒继续焖煮1分钟。

⑧出锅前加入青蒜苗,收汁即可。

**阳朔啤酒鱼**

小贴士

　　阳朔啤酒鱼选材十分讲究，首先要选用漓江里肥硕鲜美的大鲤鱼，用桂北地区的生茶油进行烹制，再加入桂林本地产的上等啤酒进行焖制，这样做出来的阳朔啤酒鱼香酥可口、鲜爽嫩滑。

## 田螺鸭脚煲——十指油汪汪，嘴巴辣得爽

田螺是壮乡饮食的一鲜，它又叫螺蛳。《广韵》有记："螺，蚌属。"在壮乡，一年四季均可吃到炒田螺，如果在春节、重阳节等传统节日中，壮乡人吃田螺更是比比皆是。在广西，柳州人的食螺历史最为悠久。据考古发现，柳江（柳州）人食螺已有很多年的历史。抗日战争时期，不少国民政府军政要人视田螺为席上珍宝。李宗仁、白崇禧就曾经摆过田螺宴招待外省高官以示乡情。

今天，在柳州各大酒楼、食铺都经营有这种色、香、味独具特色的食物。最负盛名、出现最多的就是田螺鸭脚煲。

只有田螺和鸭脚还不能称得上完美，富有广西特色的配料让田螺鸭脚煲锦上添花，例如口味独特的酸笋，加上鹌鹑蛋、油果、腐竹、芋头，还有新鲜的紫苏，弥补了田螺的寒凉。满当当的配料浸泡在田螺汤里，令人垂涎的红通通的辣椒油覆盖在汤汁上，黄色的鸭掌、绿色的青菜、乌青的田螺……可以说田螺鸭脚煲已经让人享受到一次视觉盛宴，更不用提吸满了汤汁的油果和腐竹，给人味觉最直接的冲击。鲜烫的酸辣汤汁四溢，充满整个口腔，让人大呼过瘾。街头巷里，穿着时髦的青年男女干脆放弃形象，直接拿起牙签慢慢"撩螺"，吃着螺蛳肉，然后舀几口螺汤喝，香浓味重，尽情享受"十指油汪汪，嘴巴辣得爽"的乐趣。吃到最后，用剩余的汤汁下饭或者煮粉，也是别有一番风味。

### 制作食谱

①首先把鸭脚洗干净，去除异味后放在滚热的油锅里炸，炸至金黄色后放到螺蛳汤里浸泡，使鸭脚的皮与肉吸足汤汁。

②锅内留底油，把姜、蒜爆香，再倒入一点辣椒略微翻炒，然后把田螺和鸭脚倒进去爆炒。

③砂锅里放多点水，淹没鸭脚和田螺，煮开后加豆油果、黄豆芽、酸笋，放盐、糖少许，酱油调味。煮15分钟即可。

田螺鸭脚煲

小贴士

①田螺可食部分每 100 克约含水分 81 克、蛋白质 10.7 克、脂肪 1.2 克、碳水化合物 4 克，又含钙 1357 毫克、磷 19 毫克、铁 19.8 毫克、硫胺素 0.05 毫克、核黄素 0.17 毫克、烟酸 2.2 毫克、维生素 A 39 毫克。

②鸭掌含有丰富的胶原蛋白。鸭肉中所含维生素 B 族和维生素 E 较其他肉类多，能有效抵抗脚气病、神经炎等多种炎症，还能抗衰老。

## 桄榔粉——雪粉做饼炙食美，轻身辟谷虚赢损

桄榔粉的生产历史十分悠久，早在唐代，我们的祖先就有食用桄榔粉的习惯。《酉阳杂俎》有记载："桄榔树峰头生叶，有面（桄榔粉），大者出面百斛，以牛乳唉之，甚美。"唐宋八大家之一的苏东坡，也留下了"雪粉剖桄榔"的诗句。而广西亦早已有食用桄榔粉的记载。清代官员赵翼就在其杂文中写下："洛阳伽蓝记有所谓酒树面木，初不解所谓，余至广西乃知。面木即桄榔树也，大者五六围，长数丈，直上无枝，至颠则生叶数十，似栟榈，其树中空，满腹皆粉，可得十数斛，沸汤淬之，味似藕粉，粤人尝（常）以此馈遗。"就介绍了广西的桄榔树和广西人制作桄榔粉的见闻。对于广西人来说，桄榔树"高二三丈时剜其心粉之作面甚美"。到了清末民初，龙州桄榔粉发展迅速，成为当地著名的土特产品，畅销边境各地及港澳地区。

桄榔粉

制作食谱

桄榔粉出自桄榔树。每年 4 ～ 5 月，桄榔树花开时，割开便会流出一股液汁。用这些提取液可蒸发成砂糖，一般每株桄榔树年产桄榔砂糖 8 ～ 11 千克，最高可达 35 千克。

先将桄榔粉倒入碗中，加入少许冷开水搅拌调匀，再用沸水冲调，不断搅拌至透明胶状后即可食用，冰冻后口味更佳。也可加熟花生、熟芝麻一同食用。

## 小贴士

①一定要先用冷开水将桄榔粉调匀，如果直接用热水会使桄榔粉结块，不能完全熟透，影响口感。

②桄榔粉低脂低热量，对小儿疳积、痢疾、发烧、咽喉炎症颇有治疗功效。常吃桄榔粉则可清心润肺，益体健身。

## 玉林肉蛋——汉族中的"客家菜"

肉蛋来源于汉族中的客家菜的牛肉丸,牛肉丸是广东潮汕地区的汉族小吃。因为广东客家地区多饲养水牛、黄牛,普遍食用牛肉,在长期的生活实践中,客家人逐渐摸索出把牛肉搓成牛肉丸来吃的食用方式[①]。

牛肉丸的起源有多种说法,最被大众认同的是起源自梅州客家。当地人多饲养水牛,在商品经济不发达的时期,生牛肉过剩难以保存,所以他们把牛肉剁碎加盐挤成丸子状煮熟,以便保存,慢慢地演变成为当地的一种小吃。到了19世纪末,随着汕头的开埠,汕头港商业活动频繁,许多客家人都汇集到汕头从事小本经营,他们走街串巷叫卖牛肉丸,尤其到了晚上,为停靠的客串提供消夜[②]。这些商贩逐渐在潮汕安家立业,牛肉丸也成了潮汕名吃。在潮汕,还有许多丸类的潮汕小食,如猪肉丸、猪肚丸、鱼丸、墨斗丸、虾丸、撒尿牛丸等,它们都是从潮汕手捶牛肉丸的制法,举一反三演变发展来的。久而久之,便逐渐发展成为潮汕的一道名小吃。

很多香港人的祖籍地在潮汕,因此富有潮汕地区特色的牛肉丸和鱼丸逐渐在香港流行起来。电影《食神》以一种无厘头的方式对潮汕牛肉丸进行演绎,使"撒尿"和"爆浆"的特点深入人心。在影视和名人的带动下,牛肉丸越来越被大众熟知、喜爱。

肉丸,玉林人称肉蛋,是玉林的地方特色小吃之一。玉林肉蛋与潮汕牛肉丸在制作工艺上相似,肉丸洁白、嫩滑、松脆、无渣、味鲜美、富弹性,从高处扔下,可弹起10～20厘米,以猪肉、牛肉制作而成。是深受玉林人民喜爱的一种地方特色小吃。

民国时期,玉林的酒楼、饭店就有肉丸出售。中华人民共和国成立

---

① 潮汕地区最有名小吃——牛肉丸 [EB/OL].(2017-08-19)[2019-01-15]. http://www.gdslyw.com/meishiview.php?id=288&city=5.

② 牛肉丸的发源历史与传奇故事 [EB/OL].(2013-01-19)[2019-01-15]. http://blog.sina.com.cn/s/blog_9f6c07110101687y.html.

后传统肉丸的制作工艺得到继承和推广。玉林的地道美食很多，最朗朗上口的就是"牛巴肉蛋"了，它俨然已经成为玉林美食走向全国的一张"绿卡"。

## 制作食谱

原料：牛肉（后腿肉最佳）、菜心、盐、胡椒、料酒、香菇、鸡粉、水。

①剔筋去膜。选用黄牛肉，后腿肉为最佳，也可用精瘦猪肉替代（肉选肥三瘦七）。把选好的牛肉精细处理，剔筋去膜，切成厚片。

②捶成肉浆。把肉片放置于平滑的板面上，用木槌捶打，边捶边翻动，捶至肉浆不黏手为止。

③拌料摔打。把肉浆移置大瓦钵，加进葱、姜、水、盐、鸡蛋、淀粉、适量酱油、胡椒粉，伸开五指，插入肉中，沿着同一方向搅拌，使肉浆和水分充分拌匀；把整团肉浆掀起，摔打十几次，直至肉浆能够自动收缩。

④制作成丸。把锅中水烧至温度 50～60℃ 之后，左手抓肉团，稍用力一抓，让肉团条从拇指与食指合成圈中冒出，右手持汤匙迅速一勺，即得拇指大小的肉丸，落入锅中。操作完毕，把锅中水加热至微沸，待肉丸浮起变白，有弹性即熟，捞入容器中用凉开水泡着。

⑤制汤成菜。香菇去蒂，洗净；菜心择洗干净，备用。先将肉蛋放入砂锅内，并加入制作肉蛋的汤汁、盐、料酒、香菇，置小火上炖 1 小时；再放入菜心炖一会，加鸡粉、胡椒粉即可连锅上桌。

## 小贴士

①原料主要是由猪肉或牛肉混合经过多个工序制作而成，加工关键在于切肉成片后，置肉片于石板上用木槌捶成肉浆，拌料后用手搅拌成网状结构的肉浆再置于钵中反复摔打成自动收缩状，最后用手挤出一个一个的小肉团。

②由于牛肉的肌肉纤维较粗,所以牛肉丸凝胶特性差、结构偏软、汁液损失大、口感干湿。猪肉因纤维较为细软,结缔组织较少,肌肉组织中含有较多的肌间脂肪,具有口感鲜嫩、清淡爽口的特质。猪肉和牛肉混合起来做出的肉丸吃起来滑脆爽口、美味鲜香、无渣,具有补中益气、健脾养胃、清热通肠等功效。

玉林肉蛋

## 钦州烤生蚝——大雅亦大俗，烧烤饮食的革命

生蚝，学名牡蛎，是钦州四大名贵海产之一，其他三个分别是对虾、青蟹和石斑鱼。生蚝肉可鲜食，亦可加工成蚝豉、蚝油。蚝肉中蛋白质含量超过 40%，营养丰富，味道鲜美，素有"海中牛奶"和"海上人参"之美誉。

钦州是著名的"中国生蚝之乡"，是中国生蚝的主产区及苗种供应地。截至 2019 年全市沿海滩涂插养及深水吊养生蚝面积有 14 万多亩（1 亩 ≈ 0.067 公顷），可供开发养殖的滩涂有 130 多万亩，主要分布在钦州的龙门港、康熙岭、大番坡、东场、尖山等镇，尤以龙门港镇最多。自 2010 年以来，钦州市每年都举办"蚝情节"，旨在"以蚝会客、以蚝传情、以蚝引商"，"蚝情节"也已成为钦州市文化旅游的一个品牌活动。而关于生蚝的美食自然是"蚝情节"必不可少的。

作家莫泊桑在《漂亮朋友》里把大蚝描述成"在味蕾与舌头之间的感觉，如同一颗来自大海的咸软糖"。原本带着贵族标签的大蚝，现已经"放低身段"，进入钦州普通的烧烤店。烧烤店升腾着一座小城的烟火气，每当夜幕降临，辛苦了一天的人们呼朋唤友坐在烧烤摊前，边吃烤好的生蚝边讲述白天的故事，木炭烤出来的生蚝，蚝肉鲜嫩柔软、顺喉爽滑，给人一种入口即化的感觉。口舌之间，生活的滋味被展现得淋漓尽致。

客居他乡的钦州人总忘不了这家乡的味道，这味道让人追溯到童年的生活，那个偏僻却又独特的小渔村，小孩子们捡起沙滩上的贝壳，放在瓦砾上，用火烤着吃。丰腴鲜美的蚝肉、丝丝入鼻的海腥味、海浪奔腾的声音，总能轻易卷起他乡异客的思乡之情。

### 制作食谱

原料：生蚝、大蒜、油、盐、鸡精、白酒、胡椒粉、蒜头、辣椒碎。
①用刷子刷干净生蚝外壳，再把生蚝撬开，洗净蚝肉，摆放于盘中。
②大蒜去皮切成蒜蓉，小米椒切成圈待用。

③锅内放入适量的油（和大蒜量相同即可），用小火将蒜蓉炒出香味，再加入辣椒，炒成微微金黄色（要小火并且不断用炒勺翻动，避免蒜蓉炒焦），炒制好的蒜蓉连油一起盛出来，晾凉后按口味加入盐、鸡粉、酱油等。

④将生蚝放炭火中，至蚝肉略收缩，蒜蓉变黄即可；将烤好的生蚝撒上葱花即可上菜。

## 小贴士

①制作钦州烤生蚝主要做好三个方面就可烹制出新鲜美味的生蚝。一是要选好生蚝的品种。二是要注重调料的配制，通过特制的酱料，主要是蒜蓉酱。三是用火时间要掌握得当，加料调味要适时，用火不能过短，否则腥味难解决；用火不能过长，否则肉质缺少滑嫩的口感。

②生蚝营养丰富，高蛋白、低脂肪，含有人体必需的8种氨基酸，还有糖原、牛磺酸、谷胱甘酸、维生素 A、维生素 $B_1$、维生素 $B_2$、维生素 D、维生素 E、锌、钙等。

烤生蚝工序

## 荷香八宝鸭——荷乡贵港青头鸭，八宝留香远名扬

八宝鸭是将带骨鸭开背，填入配料，扣在大碗里，封以玻璃纸蒸熟，鸭形丰腴饱满，原汁突出，出笼时再浇上用蒸鸭原卤调制的虾仁和青豆汁，满堂皆香，汤汁肥浓，鸭肉酥烂。

从荷香八宝鸭菜名得知，这道菜主要由荷叶、八宝、鸭三种主要原料做成。在文化传承和技艺沿革的指导下，荷香八宝鸭中的八宝主要有：甜豆、虾仁、冬笋丁、莲子、火腿丁、栗子肉、香菇丁、糯米。

用荷叶制作美食，不只是荷香八宝鸭用到而已。传说中的荷叶粉蒸肉也借用了荷叶清香来制作菜肴。传说荷叶粉蒸肉同关羽的部下周仓密切相关，周仓身上长了厚厚的茸毛，这些毛让他健步如飞，速度可同关羽的赤兔马相比，而且不怕热，吃饭时可以直接用手抓。关羽担心周仓日后有二心，一日他选择和周仓一起安歇，然后在床上翻来覆去，久久不睡。周仓就问他为何不休息，关羽说周仓身上的毛刺得他不能睡觉。于是周仓就剪去了身上的毛。到了第二天行军，周仓怎么都追不上队伍，也拿不了熟肉熟饭，关羽看见沿途多荷叶，就命令手下用荷叶包饭给周仓吃，这下周仓不仅不觉得烫手，还感到饭菜有一股荷叶的清香。这就是关于荷叶饭的传说。这种方法经过一代代厨师的不断改进，美味的"荷叶粉蒸肉"就诞生了[①]。

广西贵港是中国有名的"荷花之乡"，贵港荷农祖祖辈辈种植荷花，并习惯用荷叶来搭配各式各样的美食。晚清时期，民间盛行用荷叶来搭配美食。相传，广西桂平有一位民间大厨喜用荷叶作为重要食材，佐以秘制卤水，研发了系列荷香牛肋排，后经家族代代相传至今。这些都是运用荷香制作美食的典范，为荷香八宝鸭的诞生创造了有利条件。

百色市有西林麻鸭，便有了白切西林麻鸭这道赞不绝口的美食，

---

① 周彤. "海派"的八宝鸭 [J]. 食品与生活，2015（3）：44-45.

而贵港有当地产的土青头鸭，再加上贵港市盛产荷花，沿袭八宝粥、八宝鸡、荷叶粉蒸肉、荷香牛肋排、罗播手抓鸭的做法，技艺高超的师傅本着就地取材的原则，创造性地制作出了荷香八宝鸭，一直流传至今。

## 制作食谱

原料：嫩鸭、冬笋、青豆、虾肉、红枣、金橘、荸荠、花生、小菜心、糯米、葱姜汁、姜、葱、黄酒、酱油、白糖、盐、鸡清汤、味精、湿淀粉、色拉油。

①将嫩鸭宰杀洗净后，剪去鸭脚，从鸭背脊开始用小刀取出鸭骨（仔细操作不要把鸭皮弄破），接着把整鸭放进开水中焯一下，去掉血污后捞出来，洗净后用酱油、生抽、黄酒涂抹鸭身。

②糯米浸洗，然后加水上锅蒸熟。

③冬笋焯水后切成笋丁；香菇泡发后切成香菇丁；新鲜青豆取出豆肉；虾去虾线切成虾丁，用生粉腌起来；花生在水里浸洗；红枣、金橘分别去核切小块；新鲜荸荠去皮切成荸荠丁。

④热油锅，放入猪油，将冬笋、香菇先入油煸香，然后倒入青豆、虾肉翻炒，接着放入红枣、金橘、荸荠并放酱油、白糖、盐调味翻炒均匀，最后放入糯米饭拌匀成八宝鸭馅。

⑤将全部馅料放入鸭肚内，用棉线将鸭子开口封住，并把一半鸭头塞进鸭肚内去一半，再将鸭子用荷叶包好，放入蒸笼蒸制1小时。

⑥将蒸熟的荷香八宝鸭移到盘中，原蒸制的汤卤倒入锅中，加酱油、水、淀粉勾薄芡，淋上香油浇在八宝鸭身上。

⑦小菜心在开水锅里焯水后捞出切半，摆盘即可 ①。

---

① 吴广和，冯祖荫. 软包装八宝鸭的制作技术［J］. 肉类工业，1997（05）：15-18.

小贴士

①制作此菜肴时，整鸭出骨不破皮为关键，出骨后烫制时间不能长，翻转鸭皮时要小心。为了防止撑破鸭皮，八宝馅的填入不能过满，同时要注意炸制八宝鸭生坯的油温、时间、色泽。焖制时用竹垫垫底，防止鸭皮粘连。另外也要用压盘压住，否则滚沸的汤易冲坏鸭皮，同时也能使整个鸭身都浸在汤中保持成熟一致。如用麻绳扎刀口，要使用活结，装盘后便于解开。此菜的主要特色是：菜形美观，鸭肉鲜嫩，馅心糍糯疏散，滋味咸鲜香醇具有荷香气[①]。

②鸭肉中的脂肪酸熔点低，易于消化。所含 B 族维生素和维生素 E 较其他肉类多，能有效抵抗脚气病等多种炎症，还能抗衰老。鸭肉中含有烟酸，对心肌梗死等心脏疾病患者有保护作用。

八宝鸭

① 总厨推荐：上海八宝鸭——上海泛洋城市度假村行政总厨陈建新的一款上海菜［J］. 上海调味品，2005（03）：10.

## 火麻汤——长寿乡的"长寿油"

巴马是世界著名长寿乡之一，这里被誉为天然氧吧，当地生长着一种特色植物——火麻，用火麻做成的火麻汤被当地人誉为"长寿汤""长寿麻"[①]。

从前，地处桂西北大山区的巴马农村生活比较清苦，常常缺盐少油，那时巴马人发现用火麻来熬汤、做菜、煮粥等都无须放油且用盐少，于是当地人争相种植，不想竟成为巴马人的长寿食物。这都因为火麻主要生长在海拔450米左右的大石山区，恰恰适合生长在地理环境独特的巴马[②]。

火麻油，是唯一能溶于水的植物油。火麻生产工艺烦琐，目前被纳入全国首个开发的传统工艺技术改良的民间食谱中，家庭、餐厅、市场都可采用，是健康养生的首选。调查资料显示，凤山百岁老人都没有患高血压、糖尿病、心脑血管病和癌症，长期食用火麻汤，是长寿乡百岁老人得以健康长寿的原因之一，火麻汤也因此被誉为"长寿汤"。风味独特的火麻生态茶、火麻汤的主要成分就是火麻仁。火麻仁可榨成火麻油，被长寿乡的人们称为"长寿油"，是巴马寿星日常的食用油。有一位老红军113岁，人精瘦，精神矍铄，记忆力很好。他给别人讲述红军的故事时，听者感觉仿佛昨天发生的事一样，更令人吃惊的是，他看书写字样样行，眼不花、手不抖，令大家羡慕不已。另外一位老奶奶104岁，常常自己洗衣做饭，种菜砍柴，养鸡喂猪，做各类家务活都易如反掌，她的健康秘诀也得益于火麻汤的调养。凡此种种的鲜活例子，在巴马长寿乡"数不胜数"[③]。

巴马人一谈到火麻，就有共同的说法："天天吃火麻，活到九十八"。的确，很多专家学者在撰文记录巴马百岁老人的长寿食谱时，总是把火

---

① 农训学. "长寿汤"——火麻仁汤［J］中国保健食品，2008.

② 农训学. "长寿汤"——火麻仁汤［J］. 东方药膳，2008.

③ 郝虹，李伟广，李书渊. 火麻仁的生药学研究［J］. 中国医药指南，2012（27）：83–84.

麻作为切入点。以火麻为本，用火麻仁为食材做出的地道火麻汤，既保持了火麻汤本身的固有特性，又充分利用了火麻仁的食用价值。而近年来，以火麻仁为依托的创意美食层出不穷，譬如流行的"火麻豆腐""火麻苦菜汤""火麻粥"等，就是巴马的系列长寿品牌美食①。

## 制作食谱

将洗净的火麻子放到搅拌机里搅碎，过滤掉火麻壳，然后把火麻子放进锅里煮，煮至沸腾。待汤水变成牛奶一样的颜色时，就把洗净切好的干菜倒进去再煮一会儿，放点盐和味精，美味的火麻汤就做好了。在煮的过程中一定要注意，煮的时间足够长，汤才会变成牛奶色，煮的时间不够，汤是亚麻色的。除了干菜，火麻汤里还可以放豆角、南瓜、荠菜等。

火麻汤

① 唐健民，韦霄，邹蓉，等. 食药同源植物火麻的研究进展及开发策略［J］. 广西科学院学报，2019，35（1）：5-9，87.

小贴士

　　火麻油是目前常见的食物油中不饱和脂肪酸含量最高的。经常食用这种天然特殊的油脂，可降低血压和胆固醇，防止血管硬化，提高心力贮备，以达到延缓衰老、养心益血、润肠通便、延年益寿之功效。这正是巴马百岁老人长寿的奥秘所在 [1]。

---

[1] 张丹丹. 火麻仁及其复方降血脂和抗氧化的药效学研究 [D]. 武汉：湖北中医药大学，2015.

## 腌酸小菜——一千个主妇一千种味道

广西属亚热带，气候炎热，夏长冬短，受地理环境的影响，流行早餐或中餐吃稀饭（粥类）、晚餐吃干饭。特别是夏天，早晨起床煮粥，成了一件必不可少的家务事，甚至去田间地头干活或上山砍柴，也不忘用竹筒带上米粥，充饥解渴。喝粥时，往往佐以自己平时腌制好的各类酸辣小菜。腌制的小菜以腌酸菜最为常见[1]。壮族人腌酸菜的秘方是加入冷米饭同腌，冷米饭自然发酵形成酸糟，相当于今天的酸醋。腌酸菜使用的器具也是很有讲究的，一般都用瓦瓮（或陶瓷罐）腌制。壮族人几乎每家都有一个酸菜坛子，腌制储备一年四季可食用的酸菜。《岭表纪蛮》记载："所腌兼有园菜及野菜两种，阴历五六七月间，蛮人外出耕作，三餐所食，惟（唯）有此品，故除炊饭外，几无举火者。"

过去腌菜还有腌野菜，现在用来制作腌菜的多为园菜，即当地产的时令蔬菜，比如白菜、芥菜、萝卜、大头菜、刀豆、豆角、辣椒、姜、竹笋等。其中腌酸笋和酸豆角尤其出名。壮族人腌酸笋的历史久远，清代《白山司志》卷九载："四五月采苦笋，去壳置瓦坛中，以清水浸之，久之味变酸，其气臭甚，过者掩鼻，土人以为香。"酸菜的食用方法很多，不但与米粥送食，还可以作为佐料与其他食材同烹，制作成菜肴，如酸菜鱼、酸笋牛肉、酸笋鸭等。就算什么也不搭配，单吃也很美味。广西各地最流行的一种小吃——酸嘢[2]，其实就是被加工成"酸"的水果和蔬菜[3]，"萝卜酸、椰菜酸、刀豆酸、豆角酸、阳桃酸、桃子酸、黄瓜酸、香瓜酸、木瓜酸、沙酸、杧果酸……"大街上摆的酸嘢摊让行人路过就忍不住要流口水，民间还有"行人难过酸嘢摊"之说[4]。靖西

[1] 谭亦成，谭兴，刘甜甜. 腌制方法对酸豆角质量的影响［J］. 食品与机械，2011，27（4）：32-34.

[2] 何寒. "酸嘢"浸泡出甜蜜事业［J］. 农村新技术，2013（5）：53.

[3] 方德国. 浅谈果品和蔬菜的食疗［J］. 食品与加工，2010，56（10）：53-54.

[4] 陶玉华，曹书阁，隆卫革. 广西酸食植物的研究［J］. 中国调味品，2016，41（4）：153-158.

更是将酸嘢做成了品牌，成为当地的一大特色美食。在广西的许多餐馆里，酸嘢也是店中之宝，开餐之前的开胃小食品中常常有酸，而菜品当中也有酸①。壮族人喜欢吃米粉，酸菜自然是米粉当中不可缺少的配料，柳州的螺蛳粉、南宁的老友粉里面都有酸笋，桂林米粉里面也放有酸豆角，爱好米粉的壮族人觉得吃米粉必须配上这些配菜，又酸又辣，口感刺激。

酸嘢

除了腌制各种蔬菜，壮族人也腌制肉类，常见的是腌酸肉、腌酸鱼。腌制原理与腌酸菜一样，但为了更加入味一些，通常把肉洗净后用盐、烧酒、姜等佐料稍微调一下味，再与冷米饭拌匀发酵。在河池、百色一带，也有用碾过的玉米粒拌肉腌制。酸肉的腌制时间较长，一般需要半个月到一个月。腌酸鱼的方法跟腌酸肉差不多，把鱼去鳞，去除

① 杨伟军. 南宁"酸嘢"的工业化生产［J］. 食品工业，1996（3）：55–56.

内脏和骨刺后切片，与冷米饭或玉米颗粒、盐揉搓后一同装入瓶或坛中密封即可。

　　壮族人有腊制各种肉类的习惯，如腊肉、腊风肠、腊鸡、腊鸭、腊鱼。居住在山区的壮族人则流行熏肉和熏肠，把腌制好的猪肉和香肠挂在火塘上让烟熏，这样可以延长肉制品的保存期，一年都不会变质。春节前，壮族人一般都会杀猪，留出过节要吃的鲜肉，剩下的肉一部分制作成腊肉，一部分腌制成酸肉。过去物产和生活条件都不富足，壮族人腌制肉食是为了延长其储藏期，防备食物的季节性短缺。此外，壮族人食用糯米食品较多，不易消化，酸食有利于刺激胃动力，促进消化吸收。如今，壮族人依然"食不离酸"，在壮乡，腌制的肉食可是最上等的待客之肴。

**腌酸鱼**

## 制作食谱

泡菜盐水是腌酸的调味基础，不仅能善于利用食材的原味，也能调和出清鲜微辣的泡菜味。主要用土陶坛子、食盐、醪糟、干红辣椒及香料等基本材料，制作出泡菜所需要的盐水，也就是泡菜盐水。只要巧妙运用这些泡菜盐水，就能腌渍出各种各样的美味泡菜。

材料：嫩姜 2500 克，鲜小米椒 250 克，水萝卜 5 根，芹菜 1 根，蒜25 瓣。

调料：ⓐ 水 5000 毫升，盐 200 克。

ⓑ 干红辣椒 250 克，红糖水 150 克，料酒 150 克，醪糟汁 100 克，白酒 100 克。

ⓒ 香料包（八角、草果、香叶、茴香各少许）。

洗净所有鲜蔬，芹菜择好切段，嫩姜刮掉粗皮，水萝卜去皮切条，将嫩姜和萝卜条一同出坯 2 天，捞起晾干水分。

将调料ⓐ倒入土陶坛子，放入调料ⓑ，搅匀后，再放入小米椒垫底。

将嫩姜、萝卜条一同放入坛中，加调料ⓒ，再放芹菜段和蒜瓣，用篾片卡住，盖上坛盖，掺足坛沿水，约泡 6 天即可。

第一次泡菜成功时，将部分泡菜盐水倒入玻璃瓶内，封口，放入冰箱内，留待取用。

## 小贴士

红糖起调味作用，应先用水溶化后再入坛。若要保护个别蔬菜的原色，可改用白糖。

香料包在泡菜盐水内起着增香、除异、去腥的作用。在两种情况下，香料包内的香料需要变更：一是不使用八角、草果时，可在香料包内加入三奈，用以保持泡菜的色泽；二是腌渍泡鱼辣椒时，需要用胡椒除去腥味。

蔬菜出坯：即泡头道菜之意。此时所需要盐水的剂量约为 500 克盐兑 2000 毫升水。洗过的蔬菜，装入坛子前应先在出坯盐水内出次坯，沥去蔬菜所含的过多水分。此举主要用以避免装坛后降低盐水与泡菜的质量。同时盐有灭菌作用，可杀灭附着在蔬菜上的有害微生物。含有苦涩、臭等异味的蔬菜，如莴笋、圆白菜、胡萝卜等，经盐渍出坯后可除去异味。

坛沿水：主要作用是使泡菜同空气隔离，避免泡菜被污染及提高泡菜质量。因此，坛沿水不仅要加满，还要保持水质清洁。千万要记住，揭开坛盖时，动作要小心，不要把坛沿水滴进泡菜坛内。

泡菜沿水的管理：

用来取泡菜盐水的筷子不能沾水和油，要跟日常使用的筷子区分开。坛沿水要勤换，始终保持水质洁净。

加水的时候加冷开水，不要加生水，注意不要沾上油。打开后，一定要重新密封好。

泡菜想要腌渍得脆可以用川盐，如果没有的话可以加少量的碱。

如果夏天时出现白霉（俗称长花、白霜），可以加点盐和白酒。或者放点青花椒、苦瓜或花椒叶，会迅速消霉且使味道变得格外香。有人认为可以放红糖，其实这时再放红糖会影响口感。

## 巴马烤香猪——来自长寿之乡的"名门贵族"

巴马烤香猪，是来自广西巴马瑶族自治县的少数民族菜肴。广西巴马特产丰富，其中最出名的是巴马香猪，这种猪成年后重约45千克，体型较小，属于珍贵稀有的地方小型猪品种。由于饲养历史悠久，遗传基因稳定，现在被称为猪类"名门贵族"[1]。巴马香猪皮薄肉细、脂肪洁白、肌纤维细嫩，烹调时不添加任何佐料也能香气扑鼻，因此民间别称为"十里香""七里香"[2]。

巴马香猪

①李常红，孙安琪，刘号义，等. 大白猪及巴马香猪 GHRH 基因的 SNPs 筛选及其与体尺的相关性分析［J］. 吉林农业大学学报，2019，41（3）：348-353.
②汪志铮. 巴马烤香猪加工技术［J］. 农村新技术，2010（18）：30-31.

制作食谱

原料：巴马香猪，体重 6 ～ 10 千克、食盐 60 ～ 70 克、白糖 120 ～ 150 克、白酒 20 ～ 50 克、味精 10 克、芝麻酱 50 ～ 100 克、南乳 50 ～ 60 克、五香粉 8 ～ 15 克、硝酸钠 5 克，葱、米醋及麦芽糖适量。

①香猪宰杀放净血，用 65℃ 的热水浸烫，不断翻动。取出，迅速刮净毛，刮去粗皮上的黑皮，冲洗干净。从腹部运刀，取出香猪的内脏和板油，剔除所有骨头，不要伤及皮肤。也可将头骨和脊骨劈开，取出脊髓和猪脑，剔出 2 ～ 3 条胸肋骨和肩胛骨。在肋骨间用刀划开，较厚的肌肉部位用刀切花，便于佐料渗透入味。

②除米醋和麦芽糖外，将所有辅料混合后，均匀地涂擦在体腔内。将猪坯放入 2 ～ 5℃ 的腌制室内腌制。时间为夏季 5 ～ 8 小时，冬季 12 ～ 24 小时。

③烫皮、挂糖色。腌制好的猪坯，用特制的长铁叉从后腿穿过前脚到嘴角，把其吊起，沥干水。用 90℃ 热水浇淋在猪皮上至皮肤收缩而定型。在烫皮的热水中加入适量米醋，可使成品的皮变得更脆。待猪坯晾干水分后，将麦芽糖水（1 份麦芽糖加 6 份水）在皮面上涂刷 1 次，要刷均匀，否则烤出来的香猪皮色深浅不一。猪坯置于通风处晾干表皮。

④采用挂炉烤制。热源有电烤炉和炭炉两种。将已涂麦芽糖并晾干的猪坯挂入烤炉内，烤炉要有稳定的炉温，并掌握好火候，炉温控制在 160 ～ 200℃。烤制 40 分钟后，猪皮开始转色时，将猪坯移出炉外，用竹针或钢针从皮刺入，均匀地刺遍猪身，可防止皮与肉分离。然后刷上一层油（以生茶油为宜），目的是把香猪的皮炸脆。猪坯再挂入炉内烤制 40 ～ 60 分钟，至皮脆且呈枣红色时出炉。其间经常翻转香猪，使其烤制均匀。

⑤产品出炉后，挂在阴凉通风处，放置时间不宜超过 10 小时，否则皮硬而不脆。

巴马烤香猪成品色泽鲜亮，皮脆肉酥，香气扑鼻。食用时，可剔骨切片装盘，蘸以蒜泥、醋等调料，风味十足。制作关键在于烤制温度、火候、时间的把握，炉温应控制在 160 ~ 200℃。

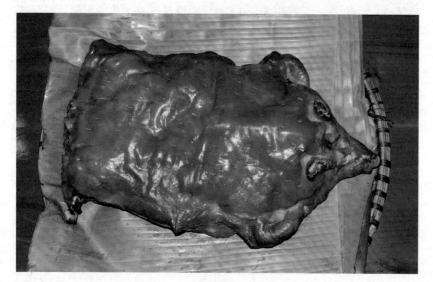

**烤香猪**

小贴士

巴马香猪皮薄肉嫩，无膻腥气，且瘦肉较多，肌纤维细嫩，营养丰富。此外还具有多种药理性，可起到预防血栓形成、美容保健的作用，对预防心血管疾病有独特功效，非常适宜制作成老年食品[1]。

---

[1] 莫玉萍，钟舒红，唐敏桃，等. 广西巴马香猪的种质特性及开发利用［J］. 地方猪种，2011，（10）：116–118.

## 梧州冰泉豆浆——冰泉滴珠乳，宛如琼浆蜜

梧州市冰泉豆浆馆已有六十余年的历史，它坐落于风景秀丽的白云山脚。冰泉豆浆以"香、滑、浓"独具风味，驰名中外。冰泉豆浆凉冻后，表层可形成一层薄薄的豆皮，滴出呈水珠状，聚而不散，谓之"滴珠豆浆"。这种豆浆醇浓、甘甜、香滑。港澳台同胞和外国友人都慕名而来，先饮为快。"不饮冰泉豆浆，不算到过梧州"之说已传遍中外[①]。

相传，解缙（1369—1415 年，字大绅）9 岁中进士，任翰林学士，甚为明太祖朱元璋器重。后因主张立皇长子朱高炽为太子，使明成祖朱棣很不高兴。永乐五年（1407 年）二月，解缙被贬广西，降为布政使司参议。解缙在广西期间，遍游了广西的名胜古迹。有一次，他来到梧州，慕名游览了冰泉。一阵风吹来，丝丝清香随风入鼻，解缙溯香味而上，发现不远处有一家豆浆铺，只见这豆浆晶莹如脂，香味四溢，解缙畅饮后，顿觉滋润爽滑、清香甘醇。他对店里的豆浆赞不绝口，店主就告诉他这豆浆是用冰泉之水做的，故曰"冰泉豆浆"。在永乐八年（1410 年），解缙赴京私下谒见太子朱高炽，叙谈中向太子介绍了他在广西的所见所闻，当说到梧州冰泉和冰泉豆浆时，更是绘声绘色，滔滔不绝。太子听后甚为高兴，并遗憾地说今生不能品尝冰泉豆浆，来世亦要加倍补偿。后来，太子在群臣中还多次提起自己未能尝到的梧州冰泉豆浆。明成祖次子朱高煦听说后，心想，朱高炽何以知道梧州有此小食？经明察暗访得知是解缙告诉他的。朱高煦原先曾暗中争夺太子之位，后因解缙等人反对而以失败告终。他对解缙怀恨在心，于是就在明成祖面前以"私觐东宫，必有谋反"告了解缙一状，明成祖大怒，将解缙关进牢房。此后，太子朱高炽在宫中再也不敢重提冰泉豆浆了。

冰泉豆浆的命运起起落落，直到近代才又被大众熟知，而且名气越来越大，特别是到了 20 世纪 30 年代中期，冰泉豆浆已经成为家喻户晓

① 黎小朵，郑宋连，陆桂花，等. 梧州冰泉豆浆市场推广初探［J］. 现代商贸工业，2016，37（33）：118—121.

的小吃，其中以藤县商人黄彩洲在梧州开设的冰泉豆浆店呼声最高，影响最广。新中国成立后，梧州冰泉豆浆馆继承了冰泉豆浆的传统技艺，它的风味和外观被完整地保存下来。若将其斟进瓷碗，如脂似乳，宛如琼浆。若用汤匙将其舀起滴落，只见豆浆就像一串断线的珍珠，莹光闪闪地落下，入口一品让人顿感醇浓香甜，煞是逗人口涎。故而，冰泉豆浆又被人称为"冰泉滴珠豆浆""滴珠蜜味"[①]。

## 制作食谱

①选优质黄豆，将黄豆用梧州特有的冰泉水提前浸泡一晚。

②将浸泡好的黄豆利用冰井泉水精工制作，打磨成糊糊状。

③用纱网将打磨好的黄豆过滤，得到豆浆。

④将豆浆倒入锅中煮沸即可。

## 小贴士

①梧州冰泉豆浆的市场规模和需求都越来越大，是否引用机器设备，是否改进传统的生产制作工艺都是市场提出来的新挑战[②]。冰泉豆浆以传统柴火熬制为主，利用冰井泉水精工制作，保持黄豆的原色，口感醇浓、甘甜、香滑。

---

① 佚名. 享负盛名的冰泉豆浆 [J]. 广西地方志, 2005（2）: 67.

② 党伟祺. 梧州餐饮品牌策略研究 [J]. 旅游纵览（下半月），2013（8）: 72-74.

**冰泉豆浆**

②冰泉豆浆口感好、风味佳，是一种内含植物蛋白质，营养极其丰富的饮品。冰泉豆浆凉冻后，表面形成了一层薄薄的豆皮，这层营养丰富的豆皮极易被人体消化吸收，所以被视为理想佳饮，健身玉液。凡是到梧州的中外客人都以品冰泉豆浆为乐事。民间中流传有"不饮冰泉羹，枉然到梧州"之说。

③全豆豆浆与传统豆浆相比，无论是感官品质还是营养价值都大大提高，特别是膳食纤维、大豆异黄酮等营养物质的增多会对一些慢性疾病起到一定的预防作用，如果每人每天摄入 300～500 毫升浓度为 10% 的全豆豆浆，相当于 30～50 克的大豆，符合我国膳食指南的推荐摄入量[①]。

---

① 范志红. 牛奶、豆浆和粥，早上喝哪个更营养［J］. 决策探索（上），2018（10）：88.

## 老友粉——一碗粉，浓浓老友情

老友粉是富有南宁特色的金字招牌小吃，去南宁，一定要尝一碗当地的老友粉。其口味酸辣、汤料香郁，吃了一碗顿觉解腻开胃、醒神通窍，让人难以忘怀。

**老友粉煮粉场景**

老友粉最初其实是老友面。南宁老友面源于一段流传颇广的故事：20世纪30年代，一位老翁每天都光顾周记茶馆喝茶，有几天因感冒没有去，周记老板十分挂念，便将精制面条佐以爆香的蒜末、豆豉、辣椒、酸笋、牛肉末、胡椒粉等煮成热面条一碗，让病中的老翁食用。这面条酸辣可口，老翁胃口大开，吃完后，又出了一身汗，顿觉身体舒爽了很多。事后，老翁制作牌匾"老友常临"送给周老板，老友面的名气逐渐传开[1]。

传统南宁老友粉由鲜湿米粉、酸笋、豆豉、畜肉、辣椒、大蒜、酱油、食用油、食用盐这几种基本原料经过烹制而成。随着社会的发展，对便携式老友粉需求的增加，近年新增加了以干米粉为原料的预包装

---

[1] 许鑫. 又见老友粉［J］. 中国民族，2013（12）：1.

南宁老友粉，消费者购置后需要经过烹制后方可食用。同时调研中发现个别企业采用山黄皮、酸笋等调制出南宁老友粉的口味，出于对延长保质期及成本的考虑，企业在原料中未添加畜肉。为了传承南宁老友粉的文化内涵及风味，在标准中规定了南宁老友粉为：以干制米粉和老友粉料包为原料，添加或不添加辣椒料包、酸醋料包等料包，经煮熟后食用的具有地方特色的南宁老友粉。在料包中强调了畜肉的使用，从而特别突出了具有地方特色的风味要求，为传承地方特色起到了积极的作用[①]。

《食品安全地方标准南宁老友粉》的颁布实施，为南宁老友粉的监管提供了强有力的法规支撑，为南宁老友粉的生产发展提供了统一的质量安全标准，这将会促进南宁老友粉产业的健康有序发展，有效地维护了广大人民群众的饮食安全，确保南宁传统老友粉的特色文化及独特风味继续流传下去。

## 制作食谱

原料：切粉、猪肉片、西红柿、酸笋、葱、姜、蒜。

①西红柿切成丁块，酸笋洗净切成条状，豆豉用刀稍微切碎，准备少量蒜米，生菜洗净沥干水分备用。

②锅里烧油，待油热后倒入蒜米翻炒，撒入豆豉、酸笋、辣椒等继续翻炒，待其香味散发后，放入西红柿翻炒至软，待西红柿味道散发出来后，再把之前腌制好的猪肉倒进去，翻炒 1 分钟。

③锅里加清水或高汤，待烧开后，放入生菜后倒入切粉。放入切粉后切记不要翻动太多次，免得切粉断开。静待 20 秒左右，就可以盛出。

---

①段玉林，张少梅，蒋明廉，等. 食品安全地方标准南宁老友粉标准制订研究［J］.
轻工科技，2018，34（12）：89-90.

老友粉

小贴士

　　①米粉以大米为原料，大米入脾经、胃经、肺经，具有补中益气、健脾和胃、滋阴润肺、除烦渴的作用。

　　②西红柿、蒜末、豆豉、辣椒、酸笋等佐料含有丰富维生素等营养物质，同时能增进食欲。

## 白切西林麻鸭——西林壮族麻习俗，往来礼节送麻蛋

西林麻鸭因母鸭多麻花色而得名，是一种优良的地方水禽品种。据考古发现，一万多年前，驮娘江领域就有古人类生活，这些古人类逐渐演变成西林地区壮族居民的祖先濮人。濮人通过原鸡、候鸟的活动规律掌握气候的变化，开始稻作生产，饲养野生鸡、鸭，并不断地繁衍养殖至今，这就是今天西林麻鸭的原型[①]。

西林县有"一肩挑三省"的美誉，它地理位置优越，地处桂、滇、黔三省区边缘的接合处，是古代句町国都城所在地。据说，古代句町国时代，句町王毋波曾经宰羊劏鸭款待平乱的汉军。至今，在驮娘江一带还流传着当年先辈《赶鸭去交趾》（交趾指古代越南北部）的故事。据传光绪二十六年（1900 年），八国联军攻占北京，出生于百色西林县的两广总督岑春煊首部勤王，护送慈禧与光绪出逃。在途中，慈禧和光绪吃了岑春煊带来的西林麻鸭，对此赞不绝口，等回到北京后，慈禧就要求广西进贡西林麻鸭，从此西林麻鸭被世人所熟知[②]。

在《西林民间故事集》中有壮族小伙智斗地主，通过妙计得到麻鸭过节的故事。此外西林民间还有用麻鸭淘金的传说，把大量麻鸭放入出产金砂的河里，几个月后宰杀麻鸭，从麻鸭的胃里找出金砂。由于壮族没有自己的文字，很久以来都没有关于西林麻鸭的记载，一直到1718年清康熙年间编写的《西林县志》才出现了关于养殖西林麻鸭的记载。

西林壮族人在悠久的饲养鸭、食鸭的历史中形成了一套的自己风俗习惯，每年的农历七月十四，西林壮族人都有杀麻鸭祭祖、食用麻鸭的习俗（祭祖春节用鸡，七月十四用鸭）。贵客拜访要杀麻鸭待客，临走要赠送麻鸭蛋。同时，还有食用麻鸭蛋的禁忌：贵客第一次来访的第一

---

① 何建泽. 西林麻鸭的故事［EB/OL］.（2013-03-27）［2019-01-12］. http：//news. bsyjrb.com/content/2013-03/27/content_12235.htm.

② 百度. 西林土麻鸭［EB/OL］.（2015-02-03）［2019-01-12］. https：//baike.baidu. com/item/ 西林土麻鸭 /16711007.

餐饭不能煎、煮麻鸭蛋，西林壮族人认为这样友谊不长久，影响长远的情感沟通和交流。

## 制作食谱

①将鸭子放水里浸泡 1～2 小时，冲洗干净。

②在锅中放入水盖过鸭子，放入姜、葱、蒜，大火烧开水后，转中火煮约 1 小时。

③将鸭子取出，略微风干一下鸭的外皮，并涂上一层花生油，用刀剁成小块，放入盘中，加上酱汁，即可蘸食。

④最后将煮鸭子的汤加上萝卜干和冬瓜煮成一道美味的汤。

**白切西林麻鸭**

⑤西林麻鸭除了煮熟白切，还有用子姜生焖、清炖、烧烤、醋血、清蒸等多种吃法[①]。

---

① 高艳. 休闲酱卤鸭制品的工艺研究［D］. 河南：河南农业大学，2013.

小贴士

①在煮麻鸭时，一定要把握好熟度，不要显生也不能显老，总之就是嫩而不柴。烹调鸭肉时，加入少量盐，能有效地溶出鸭肉中蕴含的蛋白质，会获得更鲜美的肉汤。

②鸭肉作为人们常用的肉食品，其营养成分受到消费者的重视。相关研究表明，鸭肉的营养价值很高，可食部分的蛋白质含量约16%～25%。蛋白质可以分解成一些呈味氨基酸，这些氨基酸使得鸭肉的味道更鲜美[1]。

---

[1] 陈展能，等. 绿头鸭、番樱麻鸭及番绿鸭肌肉的营养成分测定与分析［A］// 中国畜牧兽医学会家禽学分会. 中国家禽科学研究进展——第十四次全国家禽科学学术讨论会论文集［C］. 中国畜牧兽医学会家禽学分会：中国畜牧兽医学会，2009：4.

## 酥炸沙虫——海滩香肠，媲美翅参

沙虫学名方格星虫，又称光裸星虫，也叫沙肠虫，它的形状很像一根肠子，呈长筒形。许多猎奇美食爱好者到北海，从不忘吃沙虫和买沙虫。其实，沙虫不是大蚯蚓，它是海水动物。沙虫是一种对环境质量要求极高的海洋生物，环境一旦遭到污染，它便不能存活，因而有"环境标志生物"之称 [①-②]。北海、湛江等地盛产沙虫，很多当地的妇女在退潮后去海滩捡拾沙虫出售，借以维系家用。而北海沙虫，尤以银海区龙潭下村的最负盛誉。

沙虫，其名不美不雅，但其营养、味道及医药与食疗价值都不亚于其他名贵海产珍品，因而素有"海滩香肠"的美誉 [③]。所以沙虫是老少皆宜的营养滋补及食疗佳品。沙虫是北海的特产，作为当地最为丰富的食材资源之一，人们的餐桌上当然少不了它。关于沙虫的做法不胜枚举，至于最早用沙虫作原料来烹调没有明确的记载，而沙虫的制品当属沙虫干，沙虫干就是去沙腺干制而成，也有直接干制的做法。作为半成品的沙虫干，最为简单方便且美味的做法就是直接用干净的油将其入油锅炸，从而得到酥脆的沙虫，称之酥炸沙虫。这样既可以吃出沙虫本来的味道，又可以吃出北海风情，是名副其实的北海名小吃。

## 制作食谱

原料：沙虫、面粉、鸡蛋、生粉、吉士粉、酵母、盐、油、水。

①挑选沙虫，洗净备用。

②调粉糊：将面粉、生粉、吉士粉搅拌均匀，逐次加入盐、鸡蛋、

① 易仙海. 环境标志生物——沙虫 [N]. 北海日报，2019-09-18（002）.

② 兰国宝，阎冰. 方格星虫繁殖生物学研究 [J]. 水产学报（6）：503-509.

③ 刘婷，等. 沙虫的成分测定以及酶解工艺研究 [J]. 食品工业，2012，33（7）：
　　71-74.

水搅拌调糊,不见面粉颗粒、稀稠度以提糊自然下垂即可。

③冷锅下油,待油温到六成热时,把沙虫蘸糊后放入油锅中,翻动沙虫,待沙虫颜色变深即可起锅,吸去多余的油,晾凉,不需要放任何调味品,装盘即可食用。

小贴士

①在加工沙虫时,要将它腹内的沙肠切掉,否则难以入口。炸沙虫讲究成品外形金黄、口感酥脆。调糊和火候是本道菜肴制作的关键。

**酥炸沙虫**

②沙虫肉质脆嫩,味道鲜美,营养丰富,富含蛋白质、脂肪和钙、磷、铁等多种营养成分。

③沙虫还有较高的药用功效和食疗价值。沙虫性寒，味甘、咸，有解烦渴、降血压、滋阴降火、清肺补虚之功效。据药书记载，沙虫具有滋阴补肾的功效，凡有神经衰弱、阴虚盗汗、肺虚咳喘以及妇女产后乳汁稀少等症状，宜食用沙虫；沙虫加姜片煲瘦肉汤饮服或煮粥吃皆可获得良好疗效[①]。

① 朱银玲等. 沙虫中营养元素和常规营养成分分析［J］. 化学世界，2012，53（5）：269-271.

## 钦州猪脚粉——闻到猪脚粉，神仙也打滚

### 民间传说

钦州历史悠久，有着千年积淀的传统文化，孕育了特色鲜明的美食风味。在钦州，就有"闻到猪脚粉，神仙也打滚"的说法。钦州猪脚粉历史究竟有多长，文字记载已无法考究，有的说至少有几百年，有的则认为只是几十年，众说纷纭。凭"老钦州人"代代相传，钦州民间关于猪脚粉的来历就有不同的版本。

要说钦州猪脚粉的民间传说，几乎找不到这方面的资料予以佐证，家住钦州二马路的黄先生说，他的祖先在明朝时曾经吃过猪脚粉。他的祖先钦州人黄氏，其母亲生病后，卧病在床，孝顺的儿子为了让母亲早日康复，每天大费周折地把米碾碎、弄成粉、打成条，搭配猪脚等各种辅料做成猪脚粉给母亲吃，吃完后，黄母胃口大开逐渐痊愈[1]。

20世纪80年代，龙岗对面有一家餐馆，老板突来灵感，买回当时很便宜的猪脚，用简单的做法将猪脚做成卷粉的搭配菜。那个地段的客流量较大，猪脚粉食客慢慢地增多，有些餐馆也跟着做猪脚菜。后来的外地游客看到那个地段有不少这样的粉食供应，以为是钦州固有的饮食习惯而宣传出去[2]。

总有一些美食传说在坊间流传，总有一些精妙技艺代代相承，每一道令人垂涎的美食背后都经过了历史的洗涤和选择，现在我们能做的就是追溯传统，传承好祖先留给我们的手工技艺，淘筛精髓，保护珍贵的非物质文化遗产。钦州猪脚粉来源于手艺人的妙手偶得还是苦心钻研，我们无法确定，但是经过几代食客的品评、手艺人的精益求精，猪脚粉不再是局限于钦州的美味。如今"钦州猪脚粉制法"已入选钦州市第四批市级非物质文化遗产项目传统技艺类。

---

① 韦金茹. 广西米粉文化传播探析 [D]. 重庆：西南大学，2015.

② 林长华. 猪脚赛熊掌 [J]. 中国猪业，2009，4（9）：69-70.

钦州猪脚粉的用料深有讲究。其一为"猪脚汁",而"猪脚汁"可以说是猪脚粉的精髓。"猪脚汁"类似肉类的汤卤汁,是用"卤"与"肉汤"相互融合形成的猪脚卤汁汤。其二为粉,俗话说"北方的麦,南方的米"。钦州猪脚粉用的是卷粉,选用优质纯白黏米为料制作而成,卷粉的两大特点是韧和滑。米粉有大粉和细粉之分,一般大多数人都爱吃细粉。即使不吃猪脚单吃汤素粉也很美味。做好猪脚粉的关键是要做好猪脚粉的汤和粉,两者合二为一即成。

## 制作食谱

原料:猪脚、米粉、卤汁、红葱头、姜、蒜、香菇。

①洗净的猪脚放入锅中,加入清水、姜丝、料酒,煮至八分熟捞出。

②将红葱头、姜、蒜、香菇剁碎混合备用。

③在煮熟的猪脚表面涂上一层盐,用牙签戳其表面,这样在油炸的过程中,猪脚可以透气。接着涂抹上一层老抽上色。

④从油锅中捞出猪脚,放入冰水中浸泡40～60分钟。

⑤把猪脚切成小块放入大盆中。摆盆的时候注意将有皮的一面朝底部。然后放入步骤②中已经备好的配料,平铺在盘子最上一层,蒸1.5小时至软烂。用另外一个盘子,将刚蒸好的猪脚倒扣出来。

⑥将米粉放入碗中,加入卤汁,放入猪脚及其他配料即可。

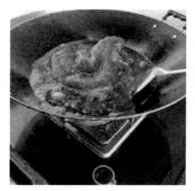

**猪脚粉制作工序**

小贴士

　　①精心挑选的猪前脚，配以草果、茴香、陈皮、桂皮、丁香、胡椒、香叶、甘草、砂姜、八角等几十种名贵中药材熬制，这样熬熟的猪脚肥而不腻、脆而不硬。

　　②猪脚中含有较多的蛋白、脂肪和碳水化合物，并含有钙、磷、镁、

铁以及维生素 A、维生素 D、维生素 E、维生素 K 等成分。中医认为，猪蹄性平，味甘咸。具有补虚弱、填肾精、健采膝等功效。

　　③米粉性平、味甘，具有补血益气、聪耳明目、健脾和胃的功效[1]。

[1] 陈利灿. 大青猪脚汤防治劳累疲乏 [J]. 中国民间疗法，2001（8）：59.

### 环江香牛扣——环江毛南菜牛乡，除却兰花便扣牛

素有"中国兰花之乡""中国菜牛之乡""全国唯一毛南族自治县""世界自然遗产地"等美誉的环江毛南族自治县，拥有得天独厚的自然条件和文化禀赋，却一直鲜为人知。近年来，通过拓展外宣载体，打造"世界自然遗产"和"神秘毛南文化"两张名片，让环江这些"荣誉"和"名片"为更多的人所知晓，在世界范围内有了相当的知名度、美誉度和影响力。可以说世界看见了环江，环江走向了世界[①]。

环江香牛主要生长于环江毛南族自治县，当地有"五香"的说法，分别是香猪、香牛、香鸭、香米、香菇，环江香牛是"五香"的翘楚，人们也常把它通俗地称为"毛南香牛"或"环江菜牛"。该牛采用传统单栏圈养的方法，食用野生莎树叶、青麻叶。同常规牛肉相比，环江香牛肉质更柔韧细腻、鲜美可口，有"三隔肉相间"之称。

环江香牛扣成为广西名菜绝非偶然，地理环境的优越性为香牛的生长提供了无与伦比的天然条件，再加上毛南族人饲养香牛的方式，为香牛的品质提供了有力的保障。有了好的食材来源，毛南族人结合生活积累的经验和其本身的生活习俗、方式造就了环江香牛扣这一道众人听了就垂涎三尺的地方特色名菜。环江香牛扣的诞生得益于天时、地利、人和。"天时"和"地利"就是自然条件为香牛的繁殖和生长提供了天然场所，保证了原料的品质；"人和"体现在毛南族人的热情好客和自身智慧，以及美食爱好者和当地人对环江香牛扣的高度评价和赞许使得其美名远扬。环江香牛扣是毛南族的饮食特色和魅力的展现，也是广西"三月三"美味佳肴的重要组成部分。

---

① 韦丁丹. 让世界看见环江让环江走向世界 [J]. 当代广西，2015（23）：56.

**制作食谱**

①香牛肉用清水加入姜、葱、八角、料酒同煮,捞出后用净布擦去肉皮上的油和水,再抹上老抽。

②油锅烧热,注少许油,待油温八成热时,肉皮向下放入,炸至焦黄色为度,晾凉后把肉切成 7 厘米长的薄片。

③皮向下把肉按鱼鳞状排列摆在碗底,浇上生抽、料酒、食盐、白糖、豆豉、辣椒等调料放入蒸锅中蒸半小时以上,食时翻扣于盘中。①

环江香牛扣

**小贴士**

①环江香牛属于高蛋白低脂肪食品,能补脾益气、益五脏、养精血、强筋骨,具有一定的食疗作用。

---

① 孙莹,孟宁,江连洲. 油炸工艺对牛肉丝品质的影响［J］. 食品工业科技,2018,39（19）:188–193.

②环江香牛肉富含肌氨酸。牛肉中的肌氨酸含量比其他任何食品都高，对人们增加肌肉、增强力量特别有效；脂肪含量低却富含可以保持肌肉块的结合亚油酸。

③环江香牛肉含维生素 $B_6$，可增强免疫力，促进蛋白质的新陈代谢。同时含钾和蛋白质，钾是饮食中比较稀缺的矿物质，而 113 克瘦里脊就含有 22 克蛋白质[①]。

① 李树国，牛化欣，于建华，等. 肉牛肌内脂肪和脂肪酸的营养价值及其调控 [J]. 黑龙江畜牧兽医，2018（21）：59-62.

## 疍家海鲜粥——黄帝始烹谷为粥，药食同源疍家鲜

粥不仅可以作为主食，还可以用作辅食；粥不仅有饱腹的基本功能，还拥有治病疗养的功效；粥不仅有对历史的传承，而且还日益革新。粥的历史不仅是人们生活史的真实反映，也是人们现实生活的写照。了解粥的来龙去脉就是了解中国历史的发展历程。

粥，古时称糜、飦、酏等，古人写作"鬻"。早在六七千年前，祖先就开始以粥充饥，《周书》有云："黄帝始烹谷为粥[①]。"从古人开化之初，粥已经有了自己最原初的文化形态。从汉代起就（开始）有关于粥的记载。明代李时珍撰写的《本草纲目》中列有50多种粥[②]。古时论粥的书不少，民间开设的粥店亦颇多。

粥逐渐成为人们饮食生活的一部分，随着烹调工具不断推陈出新，从以前用竹子制作米饭、稀饭，到后来有了新的炊具，如陶瓷、铁器、铜器等。粥从刚开始满足人们饱腹的需求，逐步开始运用到治疗身体疾病，即所谓的药粥。药粥对于病人来说，不仅可以饱腹，而且还可以治病，可谓一举两得，因此越来越受人们的青睐。

我国最早的医书《黄帝内经》中记载"药祛之，食以随之"，而"谷肉果菜，食养尽之"是药粥疗法最早的理论记载[③]。我国最早的一部药学专著《神农本草经》记载了既是药物又是食物的原材料，如薏米、大枣、芝麻、山药、莲子、核桃、龙眼、百合、豆卷、菌类等。这些食物正是后世药粥的主要成分，由此可见，药粥这一古老疗法，远在两千多年前，我们的祖先就把它用于防病治病[④]。

东汉末年，张仲景著的《伤寒杂病论》一书中对药粥的应用积累了

---

① 令狐德棻. 周书 [M]. 北京：中华书局，1971.

② 李时珍. 本草纲目 [M]. 广西：漓江出版社，2017.

③ 黄帝内经 [M]. 北京：中医古籍出版社，2003.

④ 万象文画编写组编. 神农本草经 [M]. 内蒙古：内蒙古人民出版社，2011.

丰富的经验，如"白虎汤""桃花汤""竹叶石膏汤"多为米药合用[①]。对此，《本草蒙筌》称赞说："粳米，伤寒方中，亦多加入，各有取义，未尝一拘。少阳证，桃花汤每加，取甘以扶正气也；竹叶石膏汤频用，取甘以益不足焉；白虎汤入手太阴，亦同甘草用者，取甘以缓之，使不速于下尔"[②]。可见，张仲景善用粳米，且多妙义，实为药粥疗疾之先驱。

　　唐代医家孙思邈，在其编著的《千金方》和《千金翼方》两部著作中，极力推崇用药膳治病，指出"食能排邪而安脏腑，悦神爽志，以资血气""药性刚烈，犹若御兵"，所以"若能用食平疴，适性遣疾者，可谓良工，长年饵老之奇法，极养生之术也"。并收集了如谷皮糠粥防病治脚气、羊骨粥温补阳气、防风粥"去四肢风"等药粥方，颇有成效[③]。其弟子孟诜撰著的《食疗本草》原书已散失[④]，近代在甘肃敦煌石窟中，发现有《食疗本草残卷》，书内载有"茗粥、柿粥、素椒粥、蜀椒粥"四方。同一朝代昝殷所著的《食医心鉴》中共收药粥57方，并按中风、心腹冷痛、五种噎病、七种淋病、小便数、五痢赤白肠滑、5种痔病下血、妇人妊娠诸病及产后、小儿诸病共9类，分别详细地介绍了食疗诸方的组方、用量、煮制、功效等，为后世药粥疗法奠定了基础。

　　宋代对药膳治病更为重视，药粥疗法亦有了很大发展，王怀隐著的《太平圣惠方》一书中"食治门"选列中风、水肿、咳嗽、脚气等27类，共载药粥129方。其中鲤鱼粥、黑豆粥治疗水肿，枣仁粥治疗咳嗽等[⑤]。在同一时期还有《圣济总录》收集了药粥113方[⑥]，陈直著《养老奉亲书》中收载补养药粥43方。元代宫廷御医忽思慧编写的《饮膳

① 张仲景. 伤寒杂病论［M］. 北京：中医古籍出版社，2017.

② 陈嘉谟，张印生校. 本草蒙筌［M］. 北京：中医古籍出版社，2009.

③ 孙思邈. 千金方［M］. 内蒙古：内蒙古出版社，2008.

④ 孟诜. 食疗本草［M］. 北京：中国医药科技出版社，2017.

⑤ 王怀隐. 太平圣惠方［M］. 北京：人民卫生出版社，2016.

⑥ 郑金生. 圣济总录［M］. 北京：人民卫生出版社，2013.

正要》是一部药膳专著，有很多是滋补强壮、延年益寿和防治疾病的药粥方。如有"补脾胃、益气力"的乞马粥，有"治阳气衰败、五劳七伤"的枸杞羊肾粥，还有山药粥、麻子粥、马齿菜粥等[①]。李东恒著的《食物本草》也专门介绍了 28 个最常用的药粥方，诸如绿豆粥、茯苓粥、麻仁粥等[②]。至明代李时珍著的《本草纲目》记载药粥 62 方，并列专节对其主治、功用分别作了介绍。至清代，药粥疗法又有了发展，黄云鹄著的《粥谱》一书收载粥方 247 个，是目前载方最多的专著。以及《老老恒言》《食鉴本草》《随息居饮食谱》等均有应用药粥治病的记载。

　　中华大地幅员辽阔，各地在粥的继承与发展上有着不同的理解和贡献，再加上各地区各民族的区位优势和地理环境，以及当地人们的饮食习惯，粥的发展别具一格，颇具特色，可以说是"百花齐放"。譬如，潮州海鲜粥、八宝粥、素粥等，按照不同分类标准可以归纳总结出不同风味类型的粥种类，有的以粥中所用食材命名，有的以粥的食疗功效命名，有的以粥的特指意义命名，种种分类方法不一而述。

　　广西作为中国西南部少数民族居多的省份，南边与越南接壤，东南毗邻西太平洋，而北海市就坐落于这一拥有独特地理优越性的好地方，南朝大海。正所谓"一方水土养一方人"，北海因其特殊地理位置，拥有各种优势资源，是其他内陆城市无法比拟的，这就为北海人提供丰富的海产品作为食物来源。而粥在北海借助当地拥有丰富而新鲜的海鲜的优势自然得到了传承与发展。选择优质的大米，加上上乘的水源熬制，配各种新鲜的海鲜，放入去腥除异的姜葱予以调味，一碗美味而养生的粥就出锅了。北海市的海鲜粥当属疍家海鲜粥最为有名。疍家海鲜粥选用新鲜的海鲜、优质大米、上乘水源、讲究的烹调工艺，即烹即食，深受顾客的喜爱。

---

①忽思慧. 饮膳正要译注 [M]. 上海：上海古籍出版社，2017.
②佚名. 食物本草 [M]. 北京：中医古籍出版社，2014.

制作食谱

①将螃蟹去掉脐盖和腮部，剁成小块。

②将虾去头去尾去虾线洗干净备用，并沿虾背用剪刀剪开。

③将文蛤、蛏子焯水，扇贝切块，生姜切片，葱切段，芹菜等切丁备用。

④砂锅里加入大米和水，比例是1∶5，根据熬制时间的长短，比例可适当调整。

⑤大火烧开小火熬制，待粥八成熟时，即可打开锅盖先将姜葱加入，再依次加入螃蟹、虾、文蛤、蛏子、扇贝、芹菜，最后加入盐、鸡精、胡椒粉等调味品即可。

**疍家海鲜粥的制作步骤**

## 小贴士

①胶质比较重的"肥仔米"是制作海鲜粥的上佳选择。"海鲜砂锅粥"以砂锅为容器,加入米、海鲜、香菜、生菜等熬成。砂锅比较通气,煮沸时粥也不轻易溢出。海鲜粥必须掌握火候,全程用明火煲煮,掌厨的人一定要一直用勺子边煮边搅,陪着这锅粥慢慢"成熟"。

②"食粥养人"是中国人的饮食观念之一,李时珍的《本草纲目》中指出粥能"益气、生津、养脾胃、治虚寒""最为饮食之妙诀"。海鲜粥中的大米具有很高的营养价值,可提供丰富的 B 族维生素,且具有补中益气、益精强志、和五脏、通血脉、聪耳明目、止泻的功效。

第四章　琳琅满目家常味

# 假蒌牛肉夹——假蒌芳香四溢，美味孕育而生

## 民间传说

假蒌，学名叫假蒟，别名还有蛤蒌、山蒌等。它的身影经常出现在竹林里，叶子光亮有革质，同胡椒的叶子很像，有一股特殊的香味。现如今假蒌以野生为主，家庭培育为辅。而从用假蒌叶做各种美食的需求量看，种植假蒌成为急需解决的问题，以保证假蒌的市场供应量。

假蒌是天然无公害的绿色原料，以假蒌叶为主题的各种美食最早可以追溯到普通老百姓餐桌上的家常菜，有的用假蒌叶蒸米饭，目的在于通过假蒌与米饭同煮而提取其特有的香味，就像泰国版的海南鸡饭一样，米饭的美味来自香菜、大蒜、鸡油、鱼露、盐、黄金蒜、胡椒、香兰叶，其中香兰叶的味道赋予海南鸡饭特殊的香气，二者"和而不同"。有的用假蒌做调味品，有去腥除异的功能，主要是用叶子来做菜，其美味程度可与紫苏叶相提并论，就像吃重庆火锅时，都会附带上各种味碟，而味碟中大有"乾坤"，可以放入客人喜好的调味品，较为常见的是放香菜，而假蒌叶洗净后切成丝是完全可以顶替香菜的，因为假蒌叶切丝其香味更加彻底地挥发出来，假蒌叶的这种用法可以说是充分体现了使用者的聪明才智，做到举一反三。

广西与越南接壤的崇左市大都喜欢用假蒌叶代替粽子叶，这样做出来的粽子将假蒌叶的香味与糯米的气味充分交织在一起，由此而诞生了香味浓郁的本土化粽子，为纪念大诗人屈原增添了新颖的形式和新的内涵。有的用假蒌包各种个人喜欢的原料，经过烹制做出风格各异的美食，譬如有用假蒌叶包粉丝的、有用假蒌叶包牛肉的、有用假蒌叶包猪肉的……以假蒌叶包猪肉为例，其用意有二，一是可以去除猪肉中的油腻，二是可以中和糯米的湿热和祛热毒。用假蒌叶包牛肉就是崇左的地方特色美食——假蒌牛肉夹，其做法简单易操作，将牛肉切碎调味后包入假蒌中放进油锅炸即可。

每个地区都有独属于自身的特色植物。生活在当地的人们懂得如何巧妙利用这些植物,广泛用于日常生活中的衣、食、住、行、教育、娱乐、医药甚至民俗礼仪、宗教信仰等领域。经长时间的演变后,这些植物就成了当地饮食习惯和社会生活的一部分,这就是民俗植物的意义,也是假蒌牛肉夹的意义所在。假蒌牛肉夹碧绿形美、清香、外脆内爽,是一道具有地方特色、彰显民族风情的地道美食[①]。

## 制作食谱

原料:牛肉、假蒌、蚝油、鸡汁、胡椒粉、蛋清、生粉。

①将牛肉去除筋膜,剁碎待用,把马蹄和香菇分别剁碎挤干水分待用。把剁碎的牛肉与鸡汁、蛋清、少许干生粉、基本调料(蚝油、盐、胡椒粉、生抽、少量糖、料酒及适量水)一起搅拌均匀,搅打至起胶,制成牛肉馅。

②假蒌选用好的叶子洗净晾干,在叶子背面涂抹一层薄的生粉。

③将牛肉馅放在有生粉的假蒌叶面上。

④将两端叶子对折,然后用手轻轻按压制成野菜夹待用。

⑤炒锅内倒入适量的油,烧至三四成热放入野菜夹开始煎。将野菜夹煎至外酥里嫩,捞出。将控完油的假蒌牛肉夹装入垫有吸油纸的盘中。

## 小贴士

①假蒌煎肉在外观上可以做成假蒌肉夹、假蒌肉卷,它的馅有猪肉馅、牛肉馅、鸡肉馅等。煎得香脆可口是关键,一般都要加工成为扁平形的片、块、段状,面积大而又不太厚,才能与煎法加热相适应。

① 李金伟,梁彩妮,覃萍等. 假蒌的利用价值和开发建议[J]. 中国果菜, 2017,(37)
　12:18-20.

**假蒌牛肉夹制作过程**

②假蒌入药、入菜，具有温中散寒、祛风利湿、消肿止痛的功效。

## 黄姚豆豉鸡——黄姚土产淡豉香，羌丝姚鸡作家尝

黄姚豆豉，因产于黄姚镇而得名，古"昭平三宝"之一。选用黄姚镇特有的黑豆和仙井泉水，经当地人古老而独特的手工技艺精制而成，成品颗粒均匀，乌黑发亮，豉香郁馨，无化学成分和食品添加剂，属纯天然调味佳品。黄姚豆豉生产历史悠久，清康熙前已颇有名气，乾隆时最盛，一度成为朝廷贡品[①]。从前其生产多以家庭为单位，镇上曾出现过一批以生产豆豉闻名的老字号店铺，如"杨晋记""梁隆安""古信记""古怡盛"，其产品畅销湖南、广东、香港、澳门等地以及马来西亚、新加坡、菲律宾等国，深受消费者喜爱。如今，古镇依旧有很多居民生产豆豉，以此谋生。

黄姚土鸡多采取山林放养的形式，放养期一般为 200 天以上，主要喂食玉米、稻谷、米皮糠等，它们喜食百草及树叶，喝的是清澈无污染的山泉水。土鸡白天奔走于山林之中，夜晚休憩于树枝之上，体格健硕，体壮少病，是绿色生态的养生产品。

当地人做什么菜都喜欢放一点豆豉，如"豉汁蒸排骨""豆豉焖五花肉""豉汁白切鸡"等菜品。同时，在黄姚百姓的餐桌上，往往会摆上一小碟用麻油、料酒、蒜末、姜末、酱油、食盐及土产茶子油等煎制而成的豉汁，供食客享用，其香四溢，其味无穷[②]。

黄姚豆豉起源于明朝初期，已有几百年的历史，也是清朝宫廷御厨首选佐料。黄姚地区同豆豉相关的传说有很多，据传黄姚镇举人林作楫嗜好豆豉，曾命令手下背着几袋豆豉去江西赴任。当地流传着一首打油诗："县官爱豆豉，味道果然长。一餐没豆豉，下饭总不香。"光绪年间，湖南举人邓寅亮游览黄姚，当地秀才林正甫以豆豉相赠。邓举人赋诗一

① 陈刚. 黄姚古镇豆豉香［J］. 农村财政与财务，2002（11）：26-28.
② 王心喜. 开胃助食的豆豉［J］. 中国保健营养，1998：33.

首："姚溪土产淡豉香，羌丝豆豉作家尝。从此便成千里别，香飘楚粤永难忘。"[1] 这些传说无不与黄姚豆豉的美味相关，如今的黄姚豆豉不仅在国内颇有名气，而且远销东南亚等地。

中国人的餐桌上从来就不缺美食，东西走向、南北跨度的地理优势，孕育了当地所特有的原材料，再加上五十六个民族的勤劳和智慧，创造出丰富多彩、款式多样的菜品，黄油豆豉鸡就是最好例证。它选用当地享有美誉的黄姚豆豉作为调味料，挑选地方土特产黄姚土鸡作为主料，黄姚豆豉鸡正是在这种背景之下应运而生。

## 制作食谱

原料：鸡肉、黄姚豆豉、红葱头、姜、葱。

①鸡肉切块，用生抽、盐、糖、生粉腌 10～20 分钟。

②姜切片，葱切段，豆豉洗净，红葱头切片。

③热锅冷油，依次放蒜片、姜、葱白炒香，加入腌制过的鸡块同炒，炒到鸡块变色，加适量料酒，以去除腥味。

④加入豆豉，也可以适当加入辣椒酱或者干辣椒。再加适量清水焖煮、收汁，放入葱段（葱绿），勾芡翻炒即可起锅。

① 李斌. 谈豆豉的调味及食疗［J］. 四川烹饪，1996（1）：43-43.

黄姚豆豉鸡制作过程

小贴士

①黄姚豆豉鸡特点是肉鲜且嫩、清香、不油腻，烹调采用焗的加工方式。焗是以汤汁与蒸气或盐或热的气体为导热媒介，将经腌制的物料或半成品加热至熟而成菜的烹调方法。焗法多数使用动物原料，尤以禽类为主。为除异味，增香味，原料在焗制之前，都必须用调味料腌制，腌制时间根据原料特点及菜肴的质量要求而定。

②黄姚豆豉有较高的药用价值，据《本草纲目》载："黑豆性平，作豉则温，既经蒸煮，能升能散，得葱则发汗，得盐则止吐，得酒则治风，

得蒜能止血，炒熟能止汗"①。

③黄姚土鸡富含蛋白质和易被人体吸收的磷脂类物质，中医认为，鸡肉有温中益气、补虚填精、健脾胃、活血脉、强筋骨的功效②。

① 刘秀玉，陈随清. 大豆黄卷和淡豆豉的本草考证［J］. 中国现代中药，2019（10）：1-13.
② 吴拥军. 酱（豉）香风味的研究进展［J］. 山地农业生物学报，2018，37（6）：1-10.

## 容县沙田炒柚皮——中秋佳节游子归，容县沙田柚子美

柚子又名"文旦"，多见于南方。容县沙田柚与漳州文旦柚、华安坪山柚以及泰国的暹罗柚并称为"世界四大名柚"。其果实鲜食甘酸可口，沁人心脾；其果皮、柚花皆可入药，素有"水果珍品""天然罐头"之美称①。

中国人在中秋节这天有吃月饼赏月的习俗，而容县还有吃柚子的习惯。柚子酸甜可口，具有促进消化的作用，在中秋节这天食用可以化解月饼和肉类的油腻感。此外柚子谐音"佑子""游子"，所以吃柚子又蕴含着希望月神护佑、祈求团团圆圆的意思。外形又大又圆的柚子同月饼一样，在中国人的观念里不仅仅是一种食物，更蕴含着中国人对美好生活的向往②。

广西玉林容县的柚子叫沙田柚。这不得不让人产生疑问：容县的柚子是生长在沙田里吗？当然不是了。沙田柚的起源可追溯到乾隆年间，广西容县名果"羊额子"被乾隆皇帝赐名"沙田柚"。容县沙田村人夏纪纲在中原某地当官，他把家乡名果"羊额子"赠给共事的朋友品尝，而后又献给巡游江南的乾隆皇帝，乾隆帝食之连声称赞，故赐名"沙田柚"③。从此，容县沙田柚作为进贡朝廷的珍果，名扬四海。沙田柚产地为广西容县，10月下旬成熟，果大形美、味甜蜜、耐贮藏，果面呈金黄色，果肉呈虾肉色，汁饱脆嫩、蜜味清甜。果皮还能做成柚子皮酿，美味可口。据广西老一辈人说，小时候经常挨饿，基本不能丰衣足食，村里人就捡起富贵人家扔弃的柚子皮，做起了最初的"酿"。最初的做法也是粗糙的，直接把去了苦味的柚子皮切一切，然后炒熟、炒烂来吃，

① 刘其煦. "大柑"——柚子［J］. 商业经济文荟，1993（6）：64，56.
② 中秋节为什么要吃柚子中秋节吃柚子的寓意是什么［EB/OL］. （2017–09–15）
　　［2019–01–13］. https：//www. ixiumei. com/a/20170915/261930. shtml.
③ 姚剑. 甜蜜沙田柚可口柚皮菜［J］. 饮食科学，2010（2）：32.

加点酱油或者豆豉也是少有的美味<sup>①</sup>。

　　沙田柚有葫芦形和梨形两种，可在立冬前后采摘，放置半月后食用味道更佳。相对于其他柚子，沙田柚的味道用四个字概括就是"清甜爽脆"。沙田柚浑身是宝，在容县，人们用柚子皮制作的沙田柚皮酿，可以说是一道新颖独特、营养丰富、富有地域特色的养生美食。

## 制作食谱

　　原料：柚子皮 1 个、青红椒各 1 个、骨头汤 150 毫升、葱、姜、蒜瓣适量、油、生抽、糖、鸡精。

　　①取用新摘的正宗容县沙田柚，老树果一两斤左右的最佳，超三斤为新树果，味淡。

　　②新鲜柚皮厚实，削净黄色外皮，改刀切成长方形片。

　　③将切成片的柚子皮用清水浸泡 6 小时，然后捞起洗净后加热焯水，捞起放清水洗净，再用清水浸 1 小时，挤干水分去除苦味即可。

　　④将小葱切成 1 厘米左右的段，蒜切碎，姜切成丝，青红椒斜切备用。

　　⑤锅烧热油，放入葱姜蒜和青红椒爆香，锅中放入 150 毫升左右的骨头汤，加入调料烧开，放入柚子皮翻炒后装盘即可。

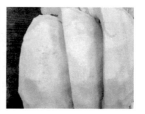

---

① 容县水果局. 广西容县沙田柚简介［EB/OL］.（2015-10-27）［2019-01-13］.
　http：//gx. people. com. cn/n/2015/1027/c373614-26941405. html.

炒柚皮工序

小贴士

　　柚子皮属平性。《本草纲目》记载，柚子"消食，解酒毒，治饮酒口臭，去肠胃恶气，疗孕妇厌食，口淡"。柚子含有丰富的维生素 C 和钾，不但能健胃消食，还能降血压，降胆固醇。但柚子性寒，体弱的人要少吃，或配以热性食物一起吃。

## 打油茶——侗族人的待客礼

打油茶是广西桂北地区具有浓厚民族风情的传统饮食。广西三江、融水、龙胜、恭城、富川、钟山等地的壮、侗、瑶等少数民族同胞都喜爱吃油茶，其中侗族最具代表性。在侗族人家，素有"有客到我家，不敬清茶敬油茶"的说法，重要的贵宾到访，侗族人必定会煮上一大锅油茶，做上一大桌吃油茶的食料热情款待[①]。

侗族人打油茶非常讲究。清明前后，侗族姑娘身上背着"堆巴"（绣有花边图案的长方形口袋），口中唱着"嘎拜金"（山歌）去采茶。采回的茶叶就是打油茶的主料，茶叶用油炒后，再加水煮成"油茶水"。食用时，大家围坐在火塘边，一碗碗热油茶，烫上点葱花，再加米花和花生、黄豆，即可食用。也有只喝油茶水或用油茶水泡冷饭的吃法。由于喝油茶是在碗中加入许多食料，所以还得用筷子相助，与其说是喝油茶，还不如说是吃油茶更为贴切。

打油茶时，第一碗一定要奉给长辈或贵宾，以表尊重，然后依次端送给客人和家里人。每人接到油茶后把碗放在自己的面前，等待主妇双手捧茶，并以歌代言，唱完敬茶歌，主人说一声敬请，大家才一起端碗喝油茶。油茶敬客是侗族的待客礼节。客人必须喝完两碗，"好事成双"才算给主人面子。如果不打算再喝，就需把筷子架在自己的碗上，作为不吃的表示，不然主妇就会不断地盛油茶给客人享用[②]。

---

① 唐咸明. 晚清民国以来桂东北地区打油茶习俗探析［J］. 桂林师范高等专科学校学报，2014，28（4）：96-100.
② 熊素玲. 桂北少数民族"打油茶"习俗及其可持续发展对策［J］. 当代广西，2014（8）：52-53.

**打油茶**

广西三江侗族，过年招待客人，往往要喝四道油茶。前两碗吃"空水茶"，事实上"空水茶"并不空，可放进阴米、花生、大豆、虾子和鱼仔，还可加进猪肝、粉肠和葱花等佐料。第三碗至第五碗加上几颗糯米水圆。第六至第九碗放上切成方粒的侗粑，最后一碗加糖煮成甜茶，称为"一空二圆三粑粑，后加一碗甜油茶，不吃十碗不过岗，乐得主人笑哈哈"。事实上，客人并不能喝下十碗，这只是主人要客人喝够的寓意。过年时，不论到哪一户侗族人家中，都一定要喝完这四道茶。

## 制作食谱

不同地区、不同民族打油茶的工艺程序、口感、佐料选择都是不同的。但大体而言，打油茶一般经过3道程序。

①选茶：通常有两种茶可供选用，一是经专门烘炒的末茶（茶叶蒸煮变黄后，晾晒、干燥后的成品茶）；二是刚从茶树上采下的幼嫩新梢。这可根据个人口味而定。

②选料：打油茶用料通常有花生米、玉米花、大豆、芝麻、糯粑、

笋干等，应预先制作好待用。

③煮茶：生火，待锅底发热后，放入食用油。油热后，放入适量茶叶翻炒，茶叶的香味炒出来后，加入芝麻、食盐，继续翻炒，加水加盖，煮沸 3～5 分钟后，即可将油茶盛碗食用。

**打油茶的通常用料**

小贴士

①侗家的油茶制作关键是先将糯米蒸熟、晾干、搓散，放进滚开的油锅（茶油、菜油均可）炸酥，然后把炸好的糯米放进罐子里[①]。

---

① 李绪君. 到恭城打油茶［J］. 当代广西，2013（3）：53.

**侗家打油茶场景**

　　②研究证实，油茶籽油中高含量的单不饱和脂肪酸和丰富的亚麻酸，有助于平衡新陈代谢，对增强儿童智力和记忆力，促进神经系统、骨骼和大脑发育有重要作用。油茶籽油有"月子宝""月子油"之称①。

————————

① 陈晖. 茶叶籽油冷榨和精炼工艺及其营养成分的研究［D］. 杭州：浙江农林大学.

## 恭城油茶——饮食非物质文化遗产

广西恭城瑶族自治县，与县内数百名老寿星一样声名远播的，就是当地的"恭城油茶"。恭城人喝油茶不分时间，一年四季、一天早晚都喝。有的家庭每天早餐都要"打油茶"，甚至三餐离不开油茶。它不仅是一道远近闻名的小吃，更是当地人的一种生活方式。恭城人走亲访友，或是当游客观光，逢人就说恭城油茶的。恭城山歌融合着油茶，别有情趣，无处不体现出古朴的瑶寨风情。2008 年恭城油茶被列入自治区非物质文化遗产名录[①]。

常言道，人生七十古来稀，但是在恭城，活到九十不稀奇。恭城人坚信，油茶是长寿的法宝。油茶不说煮而称"打"，是各地的统一称法。不同地区的油茶有着不同的风味，不过都是以老叶红茶为主料，用油炒至微香后，加水煮沸，多数地区还会加上生姜，所以油茶总体给人的感受是味道浓郁，涩辣兼具。恭城地区还加入粉状的花生碎，这样会让油茶的味道变得更醇厚，恭城人对烹煮手法、时间的把握，使恭城油茶胜于各地油茶。喝恭城油茶时常常配有各种香酥甜脆的糕点、各式各样的粑粑，品种多、口味好，也是恭城油茶的特色。油茶一锅喝完后可以加水继续煮，有"头锅苦，二锅涩，三锅四锅是好茶"的说法[②]。

中国煮茶历史久远。神农尝百草时，就用茶解毒。最初，茶既是菜也是饮料，人们煮茶时加油加盐，再加各种香料，逐渐使清茶变得丰富多彩。

恭城油茶最初是怎么出现的呢？查阅光绪十五年（1889 年）以及民国二十六年（1937 年）版本的《恭城县志》，只记载说县内居民喜欢喝油茶，并没有说油茶制作始于何时。但民间传说，乾隆皇帝游江南时，

---

① 唐咸明. 晚清民国以来桂东北地区打油茶习俗探析［J］. 桂林师范高等专科学校学报，2014，28（4）：96-100.

② 熊素玲. 桂北少数民族"打油茶"习俗及其可持续发展对策［J］. 当代广西，2014（8）：52-53.

喝了恭城油茶赞叹不已，还赐名恭城油茶"爽神汤"。可是恭城人不买账，仍称其为油茶，没有谁称油茶为"爽神汤"的。不过这说明恭城油茶历史悠久，在清朝时已经颇有名气了[①]。

**恭城油茶**

制作食谱

　　原料：茶叶、葱姜蒜、茶油、炒花生、炒豆子。

　　①把茶叶放进60℃左右的温水中清洗干净。

　　②将清洗好的茶叶放入炒锅中炒至有茶香味散发出来，然后取出。

　　③先将适量茶油倒入锅中预热，然后加入炒好的茶叶炒至 3～5 分钟，有微微香味后再将炒过的姜蒜茶用擀面杖捶烂，放盐调味后加水煮香即可。

　　④把打好的油茶沥出到碗里，放米花、葱花、炒花生和炒豆子等即可。

---

① 李绪君. 到恭城打油茶［J］. 当代广西，2013（3）：53.

小贴士

①融水苗族自治县与三江侗族自治县打油茶的工艺基本相同，但也存在一些细微差别。融水苗族用散茶来打油茶，三江苗族、侗族倾向于用茶饼。三江侗族自治县各民族地区也存在差异，主要体现在杀青工艺上。三江盘岩屯、加雷屯的茶叶杀青常使用茶油，这样茶叶清香、茶油味道浓郁，但是不易保存；而三江佩东屯打油茶杀青时需洒水，使得粗梗杀青更透彻，这是常用于诸如黑茶类等较为粗老原料杀青的一种方法[①]。

②从科学的角度来看，恭城油茶含有非常多的健康功效。油茶的主料——茶叶性凉、味甘苦，有清热、解渴、消食、利尿、化痰、止咳、解毒等功效。中医认为生姜有散寒发汗、止咳化痰、和胃止呕的功效。大蒜含硒较多，能保护肝脏，预防癌症。

---

① 刘松筠. 三江"打油茶"的品质特征和侗族茶文化［J］. 中国品牌与防伪，2011（7）：54-55.

## 横县鱼生——鱼生之精要，横县独步天下

横县鱼生俗称两片，又被横县人称为县菜，是一道美味且有地域特色的佳肴。鱼生制作精巧，令人叫绝，代表着横县人高超的烹饪技能。每当有贵客来访，一道横县鱼生就能表明对来客的重视。刀工、选料是横县鱼生的精髓。

在中国，食用生鱼片可追溯至先秦时期，唐朝发展进入鼎盛。活鱼生吃的饮食习俗距今已有 2000 多年，因保留了远古人类生食遗风而在中国传统文化遗产中独具特色。

横县人俗称食鱼生为"整鱼生"。"整鱼生"的关键是"种、劲、白、薄、厚、鲜"六字秘诀。一是种，指选鱼，要选好的鱼品种。二是劲，指鱼肉要结实强劲。三是白，鱼肉纤毫毕见，洁白如雪。四是薄，鱼肉薄如蝉翼。五是厚，佐料厚重压腥。六是鲜，从宰杀到入口不超过 10 分钟，保持肉鲜水嫩。光是要达到这"薄"和"鲜"，就很考验鱼生师傅的手艺了[①]。

横县人比较注重材料的时令性，会根据季节的变化调整配料，力求原材料味道最佳。一般食用一次鱼生至少要配 20 种配料。

横县吃鱼生的历史已经很久。据清代乾隆年间的《横州志》记载，最先吃鱼生的是几千年前生活在郁江两岸的横县先民——蜑人[②]。传说，晋元帝时期有一位隐逸人氏叫作董京，他隐居在横州登高岭。一天，他同蜑人兄妹泛舟湖上，一位仙人乘槎而来，董京备好酒菜，热情款待。仙人不喜酒食，最终不辞而别。后董京一行人在山中偶遇仙人，仙人用鱼生款待董京一行人[③]。后来，兄妹俩按仙人指点如法炮制。从此，横县

---

① 廖国一，钟林芷. 中国广西与日本冲绳饮食文化比较研究——以横县鱼生和冲绳刺身为例［J］. 农业考古，2015（3）：225-232.

② 吕华鲜. 基于生态文明的文化遗产可持续发展研究——以横县鱼生文化为例［J］. 广西师范大学学报（哲学社会科学版），2009，45（4）：34-36.

③ 吕华鲜. 横县鱼生文化研究［J］. 今日南国（理论创新版），2009（9）：184-185.

鱼生名声大振，流传至今。诗曰："夫天下珍馐美食多矣，然以味色之美称绝于世者，横县鱼生也。"

## 制作食谱

①选鱼。横县鱼生在制作中选鱼很重要，一般选择从郁江打捞上来的鱼，精挑细选，以青竹鱼、花鱼、桂花鱼为上品。郁江是横县的主流水系，江水清澈，郁江中的鱼肥厚饱满，干净无腥味，口感柔顺。同时，因为是生食必须保证原料的新鲜、洁净、无污染。

②敲晕。用刀背在鱼头和鱼身结合处用力敲一下，将鱼敲晕。

③放血。从鱼鳃处放血，用刀在鱼鳃处开一刀，将鱼鳃挖出，然后将鱼倒吊起来。去除鱼鳞、内脏。

④切片。有鱼皮的一面向下，斜刀切2毫米薄的肉片，整齐摆放在餐盘。横县鱼生除了切鱼片时刀法精细，还以配料讲究、品种多样而闻名。配料有鱼腥草、柠檬、紫苏叶、薄荷叶、海草、生姜丝、红萝卜丝、酸橘、大蒜、酸姜等20多种。

横县鱼生的制作过程

小贴士

①横县鱼生的制作必须注意两点：一是要保证把鱼血放干净，不然鱼片的肉色会显红且有腥气；二是处理鱼的过程中不要弄破鱼肠或鱼胆，否则鱼肉会带苦味。鱼生的调料也很重要，油盐酱醋是不可缺少的基本调料，吃鱼生还要配上横县本地的花生油，香味浓郁，丰富的拌料与鱼生片一起夹入口中，香味扑鼻，让人越嚼越有味。

②鱼肉脂肪含量低，而且还具有美容养颜的功效；加之配料种类多，易消化，食之可清热解毒、去湿除燥。

## 竹筒饭——行走的壮族美食

竹筒饭是流行于壮族山区的民间野炊食品。清朝陈鼎在《滇游记》中记载："腾越铁少，土人以毛竹截断，实米其中，炽火畏之，竹焦而饭已熟，甚香美"。使用竹釜之俗，至清代仍很盛行[①]。

广西崇左凭祥市有着悠久的种竹、用竹和加工竹子的历史。据记载，凭祥市使用竹子加工工具最早在战国时期就已经出现。

竹筒饭由来已久，古时，壮族先民上山打猎或出门劳作，因为不方便携带锅碗瓢盆，便就地取材，利用山中的青竹煮制竹筒饭。现在，因竹筒饭色美味香，节庆时，人们仍然很爱吃。关于竹筒饭做法的来历，有记载称源自宋代。宋代侬智高起义军在靖西安德被宋朝官军包围，围困期间，义军弹尽粮绝，又饥又渴。这时，当地壮族群众冒着生命危险，偷偷地给义军送来白米、油、盐。义军就地取材，砍来竹筒烧成竹筒饭，吃饱后体力倍增，奋勇突围。后人为表示对壮族农民起义英雄的纪念，就在每年九月初一，到野外烧制竹筒饭[②]。

竹筒饭

① 周树春. 竹筒饭［J］. 江西教育，2009（32）：47.
② 刘庆九. 风味竹筒饭［J］. 现代营销（创富信息版），2005（5）：20.

## 制作食谱

　　竹筒饭原料和制作方法非常简单，只需要青竹、米和少许油盐即可。但是为了追求更好的口感，常常佐以腊味或鲜味肉食、香菇、香草、枸杞、山药、生姜以及辣椒干等多种食料。将泡好的米装入竹筒内，并加入适量的水和配料，再用鸡皮果叶子或其他新鲜叶子将筒口塞紧，放入装满水的大锅中蒸煮至熟。或者将竹节朝下、口朝上，立于熊熊烈火中煨熟。不管用什么方法制作，竹筒饭集竹香、米香、肉香于一体，米粒香软可口，清香扑鼻，堪称一绝[①]。

## 小贴士

　　用大米香竹煮制的糯米饭，不但香软可口，味道极佳。而且，竹子具有利湿、保肝、明目之功效。

---

① 刘扬武. 教你做竹筒饭 [J]. 中国民族，2002（6）：71.

## 竹筒鸡——竹筒飘香，美味绽放

竹筒鸡是来宾特色美食之一。它制法独特，古老朴实，既有鸡肉之鲜甜，又有青竹之清香，是到来宾必尝的美食。

利用竹筒烹饪，历史久远。最早将竹筒与菜肴联系起来的文字记载见于北魏时期贾思勰所著的《齐民要术·炙法第八十》，里面将竹筒作为饮食器具烹调制作而成的菜肴称为"筒炙"，做法为用肉馅敷在竹筒上用明火烘烤。清代朱彝尊《食宪鸿秘》的"蟹丸"，则是将蟹丸入竹筒煮熟而成，与竹筒鸡有异曲同工之妙。时至今日，苗、壮等少数民族仍保留竹筒烹饪的传统肴馔，这与少数民族居住在青山绿水之间，竹子取之不竭有关，又因竹筒菜清香秀气，故沿袭不衰。金秀瑶族的竹筒鸡，便是其中一例[①]。

制作食谱

主料：嫩鸡 1 只，火腿片 100 克，水发冬菇、玉兰片各 50 克。

配料：葱段、姜片各 20 克。

①将鸡宰杀去毛，剖腹除内脏，冲洗干净。鸡身、肝、肫、冬菇、玉兰片和火腿，加葱、姜、盐、味精、胡椒粉、白糖、甜咸酱油腌渍入味。

②选生长一年的青竹一节，约长 50 厘米、外径 12 厘米，一头留节，一头开口。用鸡身装入鸡肝、肫、冬菇、玉兰片和火腿，合拢成全鸡状，塞入竹筒，筒口用芭蕉叶塞紧，放在栗炭火上烧烤 1 小时左右即熟，取下去掉芭蕉叶，倒入盘内即可。

---

① 张菁. 基诺山寨的竹筒鸡［J］. 四川烹饪高等专科学校学报，2000（1）：34.

竹筒鸡

小贴士

①少数民族仍保留竹筒烹饪的传统方法。利用火烤的加工方式，烹调的食物清香可口，滋嫩软糯，制法独特，古老朴实。

②传统上认为，鸡肉味甘，性微温，能温中补脾，益气养血，补肾益精。鸡肉的蛋白质含量较高，人体必需的氨基酸种类齐全，而且消化率高，很容易被人体吸收利用，有增强体力、强壮身体的作用。

## 博白白切三件套——博白人割舍不去的乡愁味道

广西博白县，是中国最大的客家人聚居区，也是广西第一人口大县，人口接近200万。白切作为一种烹调方式，在博白地区延续了数千年，这独特的口味承载了博白人的味觉记忆，有着"博白风味"的招牌开始在全国各地涌现，这正是大众对这种风味的认可，被誉为博白白切"三件套"的白切土鸡、白切猪脚、白切沙河粉，成为不少食客前往博白美食店必点的佳肴[①]。

清代袁枚在《随园食单》中将白切鸡称为白片鸡，他说："鸡功最巨，诸菜赖之，如善人积阴德而人不知。故令领羽族之首，而以他禽附之，作羽族单"。单上列鸡菜数十款，用于蒸、炮、煨、卤、糟的都有，列以首位的就是白片鸡，说它有"太羹玄酒之味"。[②]

博白白切猪脚同样享有盛名，它选用中国八大名猪之一的博白猪为原料，此菜皮爽肉滑，肥糯不腻。在博白县各个乡镇的餐桌上都有白切猪脚的身影，其中最负盛名的莫过于乌石猪蹄。据说在民国年间，谢鲁山庄庄主吕芋农司令的两个轿夫为了填饱肚子，偷偷溜进厨房，他们找到两个刚煮好的猪蹄，赶紧啃了起来。这时候，司令要出门需要用轿子，两个轿夫赶紧把吃剩的猪蹄扔进附近的小溪里。过了几天，轿夫想起扔掉的猪蹄，觉得很可惜，于是他们从小溪里打捞出来继续吃，发现猪蹄不仅没有了原来的油腻，反而变得清脆可口。原来是因为小溪溪水温度较低，具有保鲜作用，且在水里面泡了几天的猪蹄被冲去了油腻，别有一番风味[③]。

备受博白人青睐的还有白切沙河粉，这是博白人早餐的首选，"粉"在博白人的餐桌上扮演着重要的角色。将米浆平摊在簸箕上蒸熟，然后

① 博白白切"三件套"，爽口说不出来［EB/OL］.（2016-08-16）［2019-01-13］. http://mini.eastday.com/mobile/160816033110320.html.
② 袁枚. 随园食单［M］. 扬州：江苏广陵书社有限公司，2008.
③ 陈诚. 白切猪手的快速冷却和包装技术研究［D］. 南宁：广西大学，2014.

卷起来切开就形成了白切沙河粉。接着把粉、花生、生抽、香菜等配料均匀地搅拌在一起，让每一片白切粉都沾上了店家自制的酱汁，吃起来柔韧且独具风味。外出归来的游子吃一口就知道是家乡的味道。作为"白切三件套"之一，白切沙河粉可不是餐桌上其他肉食的配角，在博白人看来，一口肉一口粉才算是完整的一餐。

　　大味至简，用最简单的烹调方法保持食物最本真的味道，各地的食客仿照这种手法，制作出了白切牛肉、白切羊肉等口感独特的美食。对于博白人来说，白切不仅仅是一种烹调工艺，它还寄托了一种乡愁和食物对人生际遇的抚慰，无论食材发生什么样的变化，"博白白切"都是一种无法忘记的味道。

## 制作食谱

### 博白白切鸡

　　①将水烧开，加入葱结、姜和盐。把鸡放入沸水中，水量以浸没鸡肉为宜。浸鸡的秘诀是"七上八下"，即水刚沸时把鸡放入沸水浸透，抓住鸡头，放进去浸泡一下再取出，反复 7 次，每次间隔时间 2～5 秒，第 8 下就直接出锅。这样烹制的目的是使鸡皮均匀收缩，煮后皮不会爆开影响成菜的观感。

　　②"七上八下"后把鸡肉浸没在水中煮 20 分钟，直到筷子可以轻易戳透最厚的肉即表明已经煮熟。

　　③起锅后用冰水过一下鸡，使得鸡肉可以快速冷却、收紧，厨师把这一步叫作"过冷河"。

　　④制作蘸料。把砂姜、葱白、香菜梗分别切碎，把植物油烧至冒烟，倒在切碎的调料上，搅拌，加入 2 茶匙生抽即可，也可用其他蘸料与之搭配。

博白白切鸡

**博白白切猪脚**

原料：猪脚、香菜、白芝麻、炸花生。

①先用开水焯过猪脚，再把猪脚用刀刮去毛，去掉蹄甲和主骨，然后用竹片、细绳将猪脚捆绑。

②将猪脚放入锅内，文火水煮约 2 小时。然后把猪脚放入清水中洗净，洗净后放入煮沸的鸡汤（没有鸡汤可用水代替）中慢火浸 1.5 小时，关火继续浸 30 分钟后捞起。

③出锅后，用冰水浸泡并放入冰箱冷冻 1.5 小时。食用时从冰箱取出猪脚，切 0.5 厘米薄片摆盘。上锅蒸热，撒上香菜、白芝麻、炸花生等配料即可。

④制作蘸料。将蒜蓉、砂姜碎（或者酸姜丝）、白芝麻、花生碎、白糖、蚝油、香油、红油、酱油、葱白、香菜拌匀即成。

博白白切猪脚

**博白白切沙河粉**

①制粉。将粘米粉、绿豆淀粉、水混合均匀。如果水太少，做出来的粉皮容易折断，水太多则粉皮不成形。

②静置。米浆和水均匀混合后，要静置30～60分钟，让米浆充分吸水，吸水后米浆更容易蒸、口感更好。

③蒸制。蒸锅用大火烧至水开上汽后，放入一个8寸蒸盘（或簸箕）。用勺子搅匀米浆后，舀50毫升左右米浆到蒸盘里，左右摇晃均匀，这样蒸出来的粉皮厚1～1.5毫米。

④揭粉皮。粉皮蒸好后，连盘一起端出来，放在装满冷水的大盆里，让粉皮冷却，上面覆盖一层水；或者用水龙头流水冲入盘里，覆盖住粉皮。然后从边缘小心翼翼地揭下粉皮，放在盘子里，上面刷点食用油，防止粘连。

⑤制作酱料。酱料由酱油、香油、花生、香菜等制成，再将酱料与沙河粉拌匀，撒上葱花即可出菜[①]。

---

① 岑军健. 即食沙河粉生产技术的新突破［J］. 食品科技，2005（11）：47-48.

博白白切沙河粉的制作过程

小贴士

①白切鸡皮爽肉嫩，熟而不干，骨髓略带血丝。制作工艺关键点：食材、火候、手法、蘸酱。

②白切猪脚含有丰富的蛋白质，含水量较高，脂肪在储存时极易氧化变质。在日常进行白切猪脚制作时，可采用冰水加快冷却速度，保证白切猪脚皮爽肉滑的品质。

③白切沙河粉富含蛋白质、碳水化合物、维生素 $B_1$、铁、磷、钾等营养物质，易于消化和吸收，具有补中益气、健脾养胃的功效。

# 灵马鲶鱼豆腐——灵马人古法土烧的简单本味

"灵马鲶鱼"是广西地区餐饮行业颇有名气的品牌，它创制于南宁市武鸣区灵马镇，这道菜是一道富有地域特色的菜肴，土法烧制的灵马鲶鱼保留了鲶鱼细腻鲜美的味道[①]。

相传在山清水秀的武鸣灵马圩头，住着一户朱姓的贫苦人家，祖辈世代耕耘，勤勤恳恳。某日，父亲意外从田间捉回一条野生鲶鱼，准备晚上大显身手为家人做一桌好菜，但是转念想到家里的一堆孩子，父亲又皱起了眉头，一条鲶鱼怎么够一家人吃呢？恰巧，这时母亲买回几块豆腐，父亲灵机一动，就把鲶鱼跟豆腐一起焖，鲶鱼刺少肉多、质地鲜嫩，而豆腐同样口感滑嫩。就这样，肉不够，豆腐凑。豆腐因为吸进了鲶鱼鲜香的滋味，变得鲜甜可口。父亲的菜一上桌就获得了一家人的喜爱，从此这道菜就成为家传名菜。20 世纪 80 年代初，长大成人的 3 个儿子在南宁到百色的公路旁开了第一家灵马鲶鱼饭店，3 个儿子在原有的做法上推陈出新，使得鲶鱼本身鲜美的口味不断凸显出来。他们根据本地产的果蔬不断创新，创造出一系列灵马农家特色菜。后来在一个风雨交加的寒夜，有一个过路的外省货车司机在进灵马境内的蜿蜒山路上翻了车，受了重伤的他爬上路边等待救援。正巧朱氏兄弟从外地回来路过，把受伤的司机救回家，并煮了灵马鲶鱼给他吃。自此，那司机每次路过灵马必停车拜访救命恩人，顺便吃一顿灵马鲶鱼。他不断地和同伴们讲述着三兄弟的义气和灵马鲶鱼的美味，久而久之，南百这条公路上逐渐流传着"灵马鲶鱼"的故事，越来越多的人慕名前去品尝，于是灵马街成了灵马鲶鱼一条街。

---

[①] 杨润春，毕燕，卢远，等. 基于游客满意度的广西少数民族节庆旅游发展对策——以武鸣"三月三"为例 [J]. 广西师范学院学报（自然科学版），2018（4）：112-117.

制作食谱

主料：野生鲶鱼。

辅料：与鲶鱼等量的水豆腐。

调料：蚝油、酱油、陈醋、味精、淀粉、八角粉、黄酒、豆瓣酱、辣椒酱、姜丝、葱、香菜、蒜米（蒜苗）等。

①将鲜活的鲶鱼清洁好切成块，即刀身与鱼身成 45 度角，一手拿着鱼头，一手用刀把鱼"片"成厚约 1 厘米的薄片。拌上盐，放蚝油腌 5 ~ 10 分钟。将豆腐拌足盐，放蚝油腌 5 ~ 10 分钟。

②豆腐切成小块，用中火煎至两面金黄，捞出来备用。

③余油爆香蒜米和姜丝，加西红柿片稍翻炒后备用。

④放入足量的花生油，热至七成，把鲶鱼块煎至双面金黄。

⑤把煎好的豆腐放入锅中，加入酱油、味精、淀粉、八角粉、黄酒、豆瓣酱、辣椒酱等配料均匀浇在鱼块、豆腐上，大火焖上几分钟，入味后揭盖翻转鱼肉。

⑥加些高汤，等汤汁变得浓郁，淋上少许陈醋，滴上几滴香油，再用文火焖上几分钟，勾芡收汁后撒入葱段和香菜段，再小心翻匀即可装碟上桌。

准备好的鲶鱼和豆腐

灵马鲶鱼豆腐

小贴士

①野生的鲶鱼多为 2 条须，人工养殖的鲶鱼多为 4 条或者 8 条须，人工养殖的鲶鱼因常游到水面抢食，受阳光照耀，颜色为浅黄绿色，而野生鲶鱼多呈黑色。

②鲶鱼肉质鲜嫩，富含丰富的蛋白质和矿物质，适宜营养不良、体质虚弱的人食用[①-②]。

③研究表明，豆腐有益于牙齿、骨骼的生长发育，可增加血液中铁的含量。豆腐为补益清热的养生食品，常食可补中益气、清热润燥、清洁肠胃。

---

① 姜巨峰，韩现芹，傅志茹，等. 雌雄鲶鱼肌肉和皮肤主要营养成分的比较分析 [J]. 集美大学学报（自然科学版），2012，17（1）：6-12.

② 甄润英，陶秉春，马俪珍，等. 3 种鲶鱼肌肉主要营养成分的对比分析 [J]. 食品与机械，2008（4）：108-110，142.

## 荔浦芋扣肉——汶山沃野下蹲鸱，荔浦芋王做扣肉

芋头又称芋艿，古称蹲鸱，司马迁的《史记·货殖列传》中有"闻汶山之下，沃野，下有蹲鸱"的记载。荔浦芋是广西荔浦市的土特产，大致在明朝中叶至清末曾作贡品，声名远扬。荔浦芋因其肉质花纹似槟榔花，而又被称为"槟榔芋"，用它与猪肉一同蒸成扣肉，美味可口，芳香四溢，素有"一家蒸扣，四邻皆香"的美誉，是待客上品。

扣肉被认为是自带浓郁乡土气息的民间美食。李安导演就曾在电影《饮食男女》里详细讲解了扣肉的做法，可见扣肉在民间的地位。真正做好一道扣肉需要经过繁杂的工序，然而就是这做法复杂的扣肉，却深入人心，家喻户晓。在桂北地区，扣肉已成为重要的宴席大菜。过年过节，或是婚嫁、寿庆等喜宴，都少不了一道芋头扣肉。

荔浦芋扣肉起源于荔浦民间厨师。据记载，荔浦芋扣肉最早于清代嘉庆年间为荔浦民间厨师创制，后流传各地，成广西名菜。做荔浦芋扣肉时，芋头先用油炸过，这样吃起来比较香。至于烹饪时间和火候，民间趣称荔浦芋扣肉中的芋头和五花肉要蒸到"你侬我侬、你中有我、我中有你"就可以吃了。

荔浦芋扣肉成品皮色金黄，酥松无渣，绵软鲜醇，芋香浓烈，肥而不腻。

## 制作食谱

材料：带皮五花肉、荔浦芋、豆酱蓉、葱、姜、蒜茸、红腐乳、精盐、白糖、老抽、料酒、柠檬、胡椒粉、五香粉、蜜糖、湿生粉、高汤、蒜白。

①取五花肉并在皮上刺孔，然后搽盐及蜜糖，下油锅炸至金黄色。

②荔浦芋去皮切成块，下油锅炸至金黄色时捞起。

③将切成片状的肉块加入调料，腌制30分钟。

④取炸好的芋块，夹到腌好的肉块中，在上面撒调料，然后放入蒸笼蒸1.5小时左右，取出，即可上席。

荔浦芋和荔浦芋扣肉

小贴士

①芋头能够吸收扣肉中的部分油脂，起到解腻的作用。荔浦芋扣肉中的芋头含有扣肉鲜味，而扣肉也有芋头的香味[1]。扣肉中脂质的水解和氧化是形成肉制品风味最重要的途径，其中，中性脂肪和磷脂是水解和氧化反应发生的物质基础[2]。水解和氧化过程伴随着许多挥发性和非挥发性风味化合物的产生，从而影响肉制品的风味[3]。

②芋头营养丰富，含有水溶性多糖、淀粉、蛋白质、维生素 C、维生素 B 族、胡萝卜素、钾、钙、锌等营养成分。其矿物质氟元素的含量较高，所以它具有保护牙齿、洁净牙齿及防止龋齿的功能。芋头中的淀粉是天然高分子聚合物，经过处理改性后，可在食品、造纸和纺织工业等领域广泛应用。芋头的蛋白质中有一种蛋白被称为黏液蛋白，人体吸收后能产生抗体球蛋白，即免疫球蛋白，进而能提高机体的抵抗力。

① 姜绍通，郑娟，殷嘉忆. 酶法提高芋头浆中淀粉水解率的工艺条件研究 [J]. 食品工业科技，2014, 35（8）：170–175.

② 姜绍通，殷嘉忆，王华林，等. 响应面法优化酶法提取芋头淀粉工艺参数 [J]. 食品科学，2014, 35（6）：24–29.

③ 程玥，徐晓兰，张宁，等. 同时蒸馏萃取 – 气质联用分析三全梅菜扣肉的挥发性风味成分 [J]. 食品科学，2013, 34（12）：147–150.

## 八渡笋扣肉——驮娘江畔八渡瑶，贡品肉扣味醇厚

八渡笋扣肉，广西"三月三"传统风味名菜，选用国家地理标志保护产品、广西田林县著名特色农产品——八渡笋为主料，与肥瘦相间的带皮五花肉经中小火长时间蒸制后，实现笋中纤维素与肉中蛋白质、脂肪及各式调味品的充分互补与融合，有色泽红润透亮、笋丝肉片松嫩爽口、油而不腻、汤汁黏稠鲜美、浓香四溢、厚实而绵长的特点[①]。

八渡笋因产于广西田林驮娘江畔八渡瑶族乡而得名。其笋体粗壮，肉质肥厚，味道清甜，食用脆嫩无渣，美味而营养丰富，深受人们青睐[②]。八渡笋是久负盛名的食材，最早出现在《镇安府志》。明代万历年间，广西朝贡官员就向朝廷进贡八渡笋。到了清朝，被列为朝廷贡品。当时由西林县籍的岑春煊家族（注：岑春煊，广西西林人，清末大臣，云贵总督岑毓英之子，历任四川、两广、云贵总督）每年派人到八渡江一带采摘八渡笋送进京城。道光年间，广东籍商人来到驮娘江一带收购八渡笋，经水路运往东南亚一带，八渡笋逐渐闻名于世。

扣肉，带有浓郁乡土气息的中国传统节庆佳肴。经调研考证，做好一道扣肉菜肴需要 6 道繁杂的烹饪工序，其最大的诀窍在于蒸制火候和加热时间。其次是食材的选择，采用肥瘦相间的五花肉，佐以各类粗纤维和高淀粉含量的植物性食材，如笋干、芋头、梅菜、冬菇、马蹄等，依据南北差异配以各式调味料，如豆豉、腐乳等[③]。

### 制作食谱

原料：带皮五花肉、八渡干笋、蜂蜜、花椒、大料、葱、姜。

---

① 胡春水，佘祥威，骆琴娅，等. 竹的药膳史及主食品开发［J］. 竹子研究汇刊，1999，18（1）：27–31.

② 催箭，阿里穆斯，朴香兰，等. 中国少数民族要用植物学［M］. 北京：中央民族大学出版社，2008.

③ 王吴军. 味美绝伦话扣肉［J］. 农产品加工，2013（12）：42.

①取适量干笋丝，清水浸泡 12 小时以上，沥干水分待用。

干笋丝

②将肥瘦相间的五花肉切成 2 段，每段约 10 厘米，放入锅中，加入适量的花椒、大料、葱、姜，煮 10 分钟后沥干水分待用。

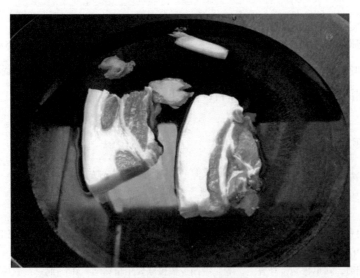

五花肉与配料放入锅中沥干

③肉皮抹上蜂蜜进行着色，晾干，放入 150℃油锅中炸至上色。

**炸好的五花肉**

④将炸好的五花肉切成 3 毫米厚的片，摆在碗中，皮朝下，尽量挤紧，笋丝铺在肉的上面，将生抽、老抽、盐、糖、料酒、蚝油、葱、姜放在碗里调匀。

炸好的五花肉与笋丝、配料调匀

⑤将调好的酱汁均匀地浇在笋丝肉的上面，再把姜片、葱段铺在上面，中小火蒸制 1.5 小时后取出，碗中的汤汁滗在一小碗里，待用；然后用一个盘子扣在肉碗上，快速倒扣，即成扣肉形状。

**中小火蒸制 1.5 小时后取出**

⑥小碗里的汤汁加少许水淀粉，放在锅中略微加热，成为芡汁，淋在扣肉上即可。

**八渡笋扣肉成品**

小贴士

①中医认为八渡笋味甘、微寒、无毒。

②在药用上，八渡笋具有清热化痰、益气和胃、治消渴、利膈爽胃等功效。

③八渡笋还具有低糖、低脂肪、多纤维的特点，食用后能促进肠道蠕动，具有帮助消化、去积食、防便秘等功效。

④八渡笋中维生素、无机盐、烟酸含量高，此外还有一定量的对人体有益的微量元素，如锌、铁、钾离子。

## 瑶豆腐——瑶豆腐的物我两忘

步入宜州，无论走到哪个乡哪个村，尤其是到远离圩市的峒场人家做客，热情好客的壮族人，都会用粥和酒招待客人。在满桌丰盛的菜肴中，大碗装的"糊糊"，淡黄色的糊里和碧绿的菜叶上凝结着一朵朵、一串串"恋枝不舍的桂花"。这碗"糊糊"，壮家人称之为"豆腐瑶"。由于汉、壮语言的语序有别，汉族人称之为"瑶豆腐"，即"瑶家人的豆腐"[①]。

宜州壮家人中流传着一个关于"瑶豆腐"的传说。瑶族和壮族是一个母亲所生的两个兄弟，长大后兄弟俩一个闯北一个走南，各自成家，繁衍了各自的子孙，才形成了两个族群。由于地理环境的不同，生活习惯也大相径庭，渐渐地在表达思想感情、交流信息的语言方面也不同。壮汉两族群由于天各一方、忙于各自的生活而鲜有往来，壮家的先祖莫一大王意识到骨肉亲情不能疏远，必须经常"礼尚往来"才对。于是，他带领十多个子孙，不远千里，来到如今湖南和广西交界的瑶族聚居地千家峒看望兄弟。瑶王看到兄弟的到来，十分欣喜，连忙让族人设宴款待莫一大王。莫一大王看到桌子上有一碗点缀碧绿色菜叶的淡黄色"糊糊"，这在丰盛的鸡鸭鱼肉中显得与众不同。他笑道："瑶兄，一别几十年，真想不到你们在千家峒拿玉米洋当菜吃。"瑶王哈哈一笑，连忙让莫一大王尝一尝这道菜。莫一大王一尝，滑嫩可口，满嘴充盈着一股奇异的豆香。他央求瑶王把这道菜的做法告诉他，瑶王说："这是我们瑶山用黄豆粉做的豆腐，俗称瑶家豆腐。"莫一大王学会了豆腐的做法，回家后就教给了族人，并告诉族人，这美味的"瑶豆腐"代表着瑶壮两族的情谊，有尊贵的客人到来时，要准备瑶豆腐招待。

瑶豆腐的制作虽说不像制作豆腐那样复杂，但也是一项繁重的体力

---

① 蓝芝同. 当代传播视野下广西瑶族传统节日的"非遗"内涵与保护利用［J］. 广西教育学院学报，2016（2）：14-20.

劳动。宜州旧时民谣："妹呀妹嫁到北山背。手攀墙，脚舂碓。哥哥骑马去接妹，家公家婆不给回，扯起围裙抹眼泪。"民谣里面的"脚舂碓"就是制作瑶豆腐原料的方法。把黄豆颗粒倒入石坎中一直舂，舂成粉末状，然后过滤，就得到了细腻的黄豆粉。架锅、装水、生火，一只手拿筷条慢慢搅动，另一只手将黄豆粉均匀地撒入锅中，同时不能让黄豆粉在水中形成"结子"，搅得越均匀越好，直到沸腾，仍然继续搅动。锅里的水渐渐由稀变稠，把蔬菜切碎后放入其中，不停地搅拌，使其混合均匀，菜叶熟后，进行调味，盖好锅盖后，即可关火。不久，黄豆粉就会凝结在锅边和菜叶上，胜似"桂花"。经济宽裕的家庭在加菜叶的同时，还会加入肉松，其味更甜滑、口感更好。

随着时代的进步，发达的科技让人们从繁重的体力劳动中解脱出来，古老笨重的粮食加工工具——"碓"，逐渐退出了历史舞台。除了少数没有通电的山区还会用碓，大部分人都是用电动粉碎机来加工黄豆，有的商家还做起卖瑶豆腐粉的生意，做瑶豆腐就方便多了。但是，老一辈的宜州人却认为机器打出来的黄豆粉没有用碓舂出来的好吃。

在物资贫乏的年代，便宜美味的瑶豆腐满足了无数人的口腹之欲。现如今，我们的食物种类逐渐增多，对于一部分人来说，山珍海味不再遥不可及，但是作为瑶壮两族古而传统的菜肴——瑶豆腐，仍然出现在千万瑶壮族人的餐桌上，它朴实无华、营养丰富，凝聚着瑶壮两族先民的味觉记忆和深厚情谊。

## 制作食谱

原料：瑶柱、豆腐或黄豆粉、鸡粉、盐、麻油。

①将瑶柱冲洗干净胀发，豆腐备用。

②将豆腐切1厘米片厚摆盘。

③瑶柱上锅蒸10分钟。

④把瑶柱撕碎后，撒在豆腐上，上锅蒸5分钟。

⑤将煮瑶柱的水倒一半在锅里，剩下的一半加入少许鸡粉、盐、麻

油、生粉勾芡。

⑥把芡汁倒入水中，最后撒上葱花即可。

瑶豆腐

小贴士

①瑶柱味甘、咸，性平，《本草从新》说其有"下气调中，利五脏，疗消渴"之功效；含丰富蛋白质和少量碘，具有滋阴补肾、和胃调中的功能，常食有助于降血压、降胆固醇、补益健身。干瑶柱所含热量是腊肠或腊肉的一半，而脂肪含量只是腊肉的 1/20，是男女瘦身塑形的理想选择。

②豆腐味甘、咸，性寒。其营养极高，含铁、镁、钾、烟酸、叶酸、维生素 $B_1$、维生素 $B_6$[1]，豆腐是高血压、高血脂、高胆固醇及动脉硬化、冠心病患者的药膳佳肴[2]。

---

[1] 梁敏. 活性黄豆核桃仁婴幼儿即食糊的研制及营养价值分析［J］. 食品科技，2004（7）：40–42，46.

[2] 黄豆的营养价值与药用［J］. 新农业，1981（8）：30.

## 茶香禾花鱼——茶香四溢的宫廷贡品鱼

在两千多年前，中国便有了养殖禾花鱼的记载。据说到了乾隆盛世，这种鱼就成了宫廷贡品。禾花鱼，发源于桂林全州的龙水乡，又称禾花鲤，属于鲤鱼的变种，为鲤科温水性小型鱼类。长期放养在稻田内，以稻田里的杂草、小昆虫、浮游生物和落水禾花为饵料[①]，因其鱼肉具有禾花香味而得名，它是广西全州第一个通过国家地理标志保护产品的地方特色[②]。清代全州名儒蒋琦龄曾称赞曰："田家邀客启荆扉，时有村翁扶醉归。秋入清湘饱盐豉，禾花落尽鲤鱼肥。"[③]全州本地也有"禾花鱼下酒，见者不走"的谚语，以及"鱼仔好送饭，鼎锅也刮烂"的民谣，民谣当中的鱼仔即禾花鱼，可看出全州人对禾花鱼的喜爱。茶香荷花鱼为桂林全州特有的吃法，禾花香与茶香融合，滋味清新，爽口下饭，成为桂林全州的一道名菜[④]。

### 制作食谱

原料：禾花鱼、茶叶、葱段、姜、白胡椒、盐、鸡蛋、酸辣椒。

①取稻田中饲养的禾花鱼（手掌大小）开腹，宰杀后洗净。

②用葱段、姜片、白胡椒、盐腌制鱼肉。

③将腌好的鱼挂全蛋糊后入七成热油锅中炸制定型，捞出后复炸至金黄、酥脆。

④选取桂林产的新鲜茶叶泡水。干辣椒切段，蒜米、姜切末，酸辣

---

① 旷石头，马小萍，石桥德. 全州县稻鱼共育生产现状及改进措施[J]. 农业与技术，2017，37（11）：111，115.

② 唐东姣. 关于广西全州县禾花鱼养殖的气象条件分析与区划探究[J]. 农业与技术，2017，37（2）：233.

③ 王拯，访申甫京兆龙水邨居［A］// 龙壁山房诗草 17 卷（卷十五庚申集诗）［M］. 清同治桂林杨博文堂刻本.

④ 赵文雯. 探寻舌尖上的美味——"禾花鱼"[J]. 当代水产，2015，40（3）：50-51.

椒切段。

⑤锅中留底油，蒜米、姜末、酸辣椒炒香，下干辣椒段。加入生抽、蚝油，烹入料酒。起锅前倒入茶水和茶叶，略微收汁后淋入明油。把汁浇在摆盘的炸鱼上即可。

**禾花鱼**

小贴士

①制作茶香禾花鱼宜选用个体体重为 50 ～ 250 克，粗短肥美，鳞片细而透明的禾花鱼为佳。宰杀时要在腹部开刀，精准下刀，保持外形完整。炸制时选用挂糊上浆炸，既可以保持酥脆的口感，又可以保留其营养价值[①]。

②桂林禾花鱼肉质鲜嫩、刺少肉多。肌肉中蛋白质含量占比为18.06%，人体必需氨基酸总量占比为 33.54%[②]。

① 狄科. 茶类食品加工过程中的温度控制条件分析 [J]. 福建茶叶，2018，40（12）：8.
② 陈春月，钏相龙，曹喜念，等. 大叶种茶叶中游离氨基酸的提取条件研究 [J]. 昆明学院学报，2018，40（6）：38–42，71.

## 沙蟹汁焖豆角——味由舌尖来

临近海边的人食物以海产品为主，北海人的餐桌上不仅有名贵的海参、鲍鱼，还有一种小沙蟹。沙蟹以另外一种形态满足了大家对美味的追求，那就是以沙蟹做成的沙蟹汁。北海边的沙蟹资源十分丰富，退潮后的海滩经常能寻觅到沙蟹的踪影。沙蟹汁完全是生的，它没有加热制作的过程，因此它有一股腥味，食客因此对蟹汁的评价褒贬不一。

《舌尖上的中国》讲述了沙蟹汁的一种用途——蘸白切鸡，而北海还有一种与沙蟹汁密切相关的美食，那就是沙蟹汁焖豆角。

豆角有自身生长环境的要求，并且不好入味，要想充分入味就需要在烹调方法上下功夫，因此人们想到了焖这种烹调方法。在不先炸制豆角的情况下，直接将沙蟹汁和豆角同时入锅焖煮，从此沙蟹汁焖豆角成为家常菜走入大众视野，平民百姓的智慧为北海名菜增添了浓墨重彩的一笔。这是很多北海人关于北海味道的记忆，也是将北海味道诠释得最好的一道菜。

### 制作食谱

原料：沙蟹汁、豆角、蒜米。

①将豆角用淡盐水浸泡 15 分钟后择段放入砂锅内。

②将蒜米切片后放入砂锅内。

③放入沙蟹汁。

④倒入三分之一碗清水拌匀，盖上锅盖煮沸后转小火焖煮 3 分钟左右，其间翻炒一下。

⑤出锅前倒入勾尾油即可出菜。

沙蟹汁焖豆角的制作过程

小贴士

　　①螃蟹味咸、性寒，中医认为螃蟹有清热解毒、养筋活血、通经络、利肢节、滋肝阴、充胃液之功效。对于淤血、损伤、黄疸、腰腿酸疼和

风湿性关节炎等疾病有一定的食疗作用[1]。

　　[2]豆类富含蛋白质和多种氨基酸，常食可健脾胃、增进食欲。其中，豆角味甘、淡，性微温，具有消暑、清口的作用[2]。

---

[1] 梁中永. 沙蟹汁中不良风味物质的检测及去除研究［D］. 南宁：广西大学，2018.

[2] 刘天天. 分子感官科学技术对北海沙蟹汁风味分析的研究［D］. 南宁：广西大学，2017.

## 全州醋血鸭——六月六，子鸭肉

"六月六，子鸭肉，炒苦瓜，浆血醋。"在广西桂林市全州县，醋血鸭这道菜已经成为夏季最时兴的家常菜之一，几乎每个全州人，尤其是文桥人都会制作这道菜肴。醋血鸭被全州人称为"邋遢菜"，因为醋血鸭最有特色的一点是以米醋调制的鸭血烹入焖熟的鸭子，所以炒好的醋血鸭出锅时会呈现黑乎乎的品相。但在桂北地区，这样一道黑乎乎的"邋遢菜"却是节假日、家常待客都要食用的一道热菜。全州人宴客时，要端上一道醋血鸭才算隆重。

全州人是如何想出烹制醋血鸭的呢？据史实和口耳相传，醋血鸭最早起源于公元300多年晋代的金州县文桥乡。蜀国灭亡时，大司马蒋琬及其两个儿子同死于国难，其夫人毛氏只好带着第三子回到祖籍全州。毛氏去世后，被谥封为安阳侯一品夫人，葬在今天的文桥乡。朝廷派专人守墓，一年的六月初六，因过节（金州风俗，农历六月初六这天一定要杀鸭，煮新米祭谷神敬狗尝新），接班下午值守的守墓人迟到了半个时辰（1个小时），上午值守的守墓人回家时间已经晚了，他的妻子又晕血，因此丈夫赶回家中时，鸭子还没有宰杀。着急的丈夫就把妻子醋黄瓜的酸水当成盐水，混进鸭血淋进锅里，烹炒时，发出刺鼻的酸味。夫妻二人来不及重新做，也舍不得倒掉，于是，干脆添柴加火，放进花椒、紫苏、茴香爆炒，解除异味。谁知，这样方法炒出来的鸭肉味道可口，左邻右舍品尝后也赞不绝口。醋血鸭由此产生，并流传开来。

关于醋血鸭的来源，还有另有一种说法，传说醋血鸭是唐代大文学家柳宗元所创。柳宗元游玩至湘江边一村庄，在当地农户家吃饭，由于此地临近湘江，村民就抓了只鸭子来招待贵客。柳宗元闲来无事来到了厨房，他记得农民宰鸭子的时候，总是将鸭血直接洒到地上，如此浪费食物甚为可惜。柳宗元老家位于山西河东，喜食醋，于是他便叫主人家把鸭血倒进醋里，搅拌均匀，待鸭子就要煮熟之时，把勾兑好的醋血倒入，顿时一股异香扑鼻而来，美味不凡。后来农户主人才知道这位客人就是大名鼎鼎的诗人柳宗元。醋血炒鸭的做法也随之流传开来。因醋血鸭产自零陵，又称"零陵血鸭"。清末，在大臣曾国藩的大力引荐下，"零陵血鸭"成了宫廷的皇家菜肴。"零陵血鸭"名噪一时，世人皆知。

## 制作食谱

原料：鸭子、苦瓜或魔芋豆腐、醋血、茴香或紫苏叶、八角、桂皮、泡椒、姜片、葱白、花生、芝麻粉。

①精选全州小脚散养鸭，宰杀洗净后，将鸭肉斩切成块状。苦瓜或魔芋豆腐切片。

②热锅冷油，放入八角、桂皮炒出香味，放入鸭肉，烹入料酒焖约10分钟。

③加入泡椒、姜片、葱白继续焖至锅底见油不见汤。

④待满屋生香时，再加入醋血、茴香或紫苏叶继续开火翻炒2～3分钟，关火，再加入花生、芝麻粉拌匀即可出锅。

全州醋血鸭

小贴士

①醋血鸭制作过程看似简单实则十分讲究，要想做一道地道的全州醋血鸭，原料、火候、配料三者皆不可少。首先要选用文桥本地的小脚土鸭。其次火候也至关重要，如果火候没把握好，会导致味道截然不同。而火候又取决于配料，并不是一个固定的温度就决定的。所以很难在外地尝到醋血鸭的美味，很多人屡试不成后总认为是全州人对制作醋血鸭的秘诀有所保留，其实这种"草根"技艺确实无"藏秘"之必要。

②醋血鸭味道鲜美、营养丰富，可滋补身体、清热健脾。药书载："滋五阳之阴、清虚劳之热、补血行水"。再加上苦瓜（主配料多选苦瓜或魔芋豆腐）具有除邪热、解劳乏、清心明目、益气壮阳的功效，为夏日最宜之佳肴[①]。

---

① 董海英，王海滨.鸭血、鸭骨氨基酸分析与评价［J］.肉类工业，2009（9）：24-26.

## 茶香鸡——瑶香寻味，"醉美"来宾

　　众所周知，杭帮菜中有道名菜为"茶香鸡"，在广西金秀大瑶山中也有一道同名菜肴，且是瑶鸡宴中的一道主打菜。这道菜的原料为金秀瑶山鸡（简称"瑶鸡"），是在世界瑶都金秀特殊的自然环境、传统文化习俗和饮食习惯的影响下，经长期的自然和人工选择而生长的，已被列入广西名特优渔牧品种名录。因其主要生长在以金秀圣堂山为中心的罗香乡、长垌乡、六巷乡和金秀镇等地，故又称之为"圣堂鸡"。

　　金秀瑶族自治县地处桂中东部的大瑶山，是一座以瑶族文化为载体的多民族聚居城，具有"天下瑶都"之称。金秀大瑶山是个神奇美丽的地方，这里群山连绵，是苦笋、绞股蓝、灵香草生长的地方。孕育了丰富的动植物资源的大瑶山，给瑶族儿女们带来了丰富的乡土美味。

　　金秀大瑶山东南部盛产的圣堂鸡是大瑶山独有的品种。它们生活于海拔 1000 米以上的大瑶山生态树林里，白天采食野生植物籽实、昆虫、蚯蚓、野菜，晚上宿居于树上，生长周期为 8 个月。圣堂鸡体内沉积了丰富的营养物质，并且圣堂鸡的肉质香味独特，细嫩鲜香，清甜，脂肪含量少，肥而不腻，汤清而不浊。

　　用大瑶山圣堂鸡为主料可以制作出百道美味佳肴，最具特色的是醉美茶香鸡。茶香鸡是瑶鸡宴中的一道主打菜，选用瑶鸡和当地盛产的茶叶等食材烹制而成。金秀瑶鸡蛋白质、氨基酸含量高，有皮脆肉鲜等特点，具有"不时不食"的中国养生理念。杨春柳叶的盘饰描绘了金秀人民田园生活的意境，从摆盘哲学、菜品理念和呈现方式将金秀人民的传统技艺与传统文化融合于菜肴中，这对于食客而言是一种享受。

　　春夏交替之际，吃瑶鸡最适合不过，这道茶香鸡无论是原材料还是菜肴本身，食客都能寻味到瑶山的身影。

制作食谱

　　原料：瑶香圣堂鸡、茶叶、姜、葱、精盐、蚝油、米酒、八角、山奈、小茴香、花椒、陈皮等。

①将一半的茶叶放入少许水浸泡，提取茶汁待用。

②将大瑶山圣堂鸡初加工后洗净，将茶汁、姜、葱、精盐、蚝油、米酒、八角、山柰、小茴香、花椒、陈皮等佐料塞入鸡腹中腌制30分钟。

③取铁锅，底部放入剩余茶叶、花生壳末，上面摆放铁丝网架，将锅置旺火上烤至熏烟初起时，即将鸡放于网上，加盖烟熏，并注意在熏制过程中适时翻动，待鸡熏至色黄油亮时取出。

④食时既可整鸡入席，也可以斩成长5厘米、宽1.5厘米的长条，入盘时拼摆成全鸡菜，最后淋上香油即可食用。

茶香鸡

小贴士

制作茶香鸡菜肴的茶叶应选用树龄在10年以上的深秋茶叶，制作出的茶香鸡茶香才会浓郁，滋味才会充足。

## 高峰柠檬鸭——寻常百姓的"特色私房菜"

南宁武鸣有"中国壮乡"之誉，当地壮族人口占当地总人口的80%以上。风景怡人的武鸣有一道盛名在外的本地菜——高峰柠檬鸭。这道菜背后还有一个动人的故事。古时候，武鸣地处偏僻，高峻的山峰阻挡了人们的出行。民国三年（1914年），武鸣籍人士陆荣廷任两广都督。他主政时，劈山开路，修建了广西第一条公路——邕武路。修路工程十分艰苦。一日，陆荣廷巡查修路的状况，村民们为了感激陆荣廷体恤民情、为民修路，纷纷宰杀土鸭，再加上自家腌制的酸柠檬、酸姜、酸辣椒等配料烹制成美味的菜肴款待他。陆荣廷吃后，赞不绝口，"陆荣廷界牌吃鸭"的故事不胫而走。随着道路的开通，邕武路车水马龙，界牌甘家在路旁开了一家柠檬鸭小店，此消息一传十、十传百，甘家界牌柠檬鸭声名远播。2017年高峰柠檬鸭被列入第七批市级非物质文化遗产代表性项目名录。

### 制作食谱

原料：嫩香鸭1000克、姜30克、葱30克、泡姜50克、酸藠头50克、酸柠檬2个、酸辣椒适量。

①选用陈年腌制柠檬，切开去核切成条状待用。

②选用土鸭或北京鸭，稍肥者较佳，宰杀好后，放入沸水中用旺火煮成半熟，然后捞起沥干水切块后直接下锅爆炒。

③鸭肉炒至微微金黄，等鸭肉和鸭油分离时，盛出备用。

④将鸭子与姜、葱、泡姜、酸藠头、酸柠檬、酸辣椒一同下锅，文火细焖到鸭肉熟透，接着改用强火翻炒至汁水成糊状便可装碟享用。

高峰柠檬鸭

小贴士

①高峰柠檬鸭的制作十分讲究，首先要选择 1.5 ～ 2 千克重、吃谷糠长大的土鸭或者北京鸭。其次就是配料，武鸣当地一直有食酸的传统，当地制作的酸嘢、酸柠檬、酸姜等是配料的不二选择。

②鸭肉易于消化，所含 B 族维生素和维生素 E 较其他肉类多，能有效抵抗脚气病以及部分炎症，鸭肉中含有较为丰富的烟酸，该物质对心肌梗死等心脏疾病患者有保护作用[①]。

---

① 孙敏. 美容新潮柠檬见功［J］. 中国化妆品，1998（2）：19.

## 京族鱼露——坚守古法的京族"年汁"

在广西北部湾有一个风景怡人、物产丰富的地方。它背靠大山，面临广阔的海面，与越南隔水相望，这就是美丽的京族三岛：万尾岛、巫头岛、山心岛。三座海岛犹如蔚蓝大海中三颗明珠，自古以来，这里就生活着百越民族，而京族是后来者。从明代开始，最早生活在越南的居民跋山涉水来到这三座小岛，他们深耕牧海，形成了独特的京族海洋文化。在民间饮食上，从捕鱼、制作、烹饪、进食、储藏等方面都有着鲜明的京族风格，鱼露制作就是其中之一[①]。

中国人有漫长的食用鱼露的历史。鱼露最初指腌制咸鱼时排出的汁水，渔民发现这些汁水味道鲜美且富有营养，于是就留下来当调味料。经分析，鱼类蛋白质水解后产生多种氨基酸。这就是鱼露味道鲜美的秘密。潮汕人将这种鱼汁称为"醢汁"，将腌制的海产品称为"咸醢"。如清光绪《揭阳县正续志》中记载："涂虾如水中花……土人以布网滤取之，煮熟色赤，味鲜美，亦可作醢。"

对于鱼露，京族人有自己的叫法——"鲶汁"或"年汁"，是京族语，意为"鱼汁"。京族三岛农家乐多以海味为主，不过他们也把一碗以鱼露佐餐的白米饭称为人间美味。靠山吃山，靠海吃海，在外界看来是"重口味"的鱼露在京族人的生活中却扮演着重要的角色。辛苦出海归来的京族人把咸鱼腌制起来，等待它凝结成一碗鱼露，心满意足地同妻儿分享这艰辛生活中的一丝美味。这正是鱼露最动人的地方！

制作食谱

①将鲜鱼放入鱼筐，用脚践踏，拣去鱼鳞、内脏。把鱼洗净后，装入专门制作鱼露的大木桶内，放盐，鱼、盐比例为4∶1。

②在木桶的下方放置一根可以导出鱼汁的小管子，用空桶接住

---

① 李青华，金开诚. 中国文化知识读本：京族［M］. 吉林：吉林文史出版社，2010.

流出来的鱼汁。接满后，重新倒入木桶，反复多次后，就可得到鱼露原汁。

③将提炼好的鱼露原汁放入大瓮或大桶中，放在烈日下暴晒 20 天，鱼露本身含有的蛋白酶在微生物的作用下分解，鱼露原汁逐渐变成一种金黄通透、味道鲜美的浓稠汁液。再加入少量白砂糖、大蒜、辣椒和柠檬就可以食用了。

京族鱼露

小贴士

①传统鱼露制作工艺复杂、耗时较长，原料多为海产品。现在鱼露制作多选用淡水鱼虾及其下脚料，用曲或酶发酵。这样鱼露的生产时间被大大缩短，物产资源也被最大限度地利用起来。

②鱼露味咸，极鲜美，营养丰富，含有多种必需氨基酸，以及钙、碘等多种矿物质和维生素。鱼露中还富含牛磺酸，有降血压和降血糖的功效，同时解热抗炎，是水产品中重要的功能成分。鱼露的味道十分鲜

美，这是因为它所含的呈味肽、氮含量高，这不仅能够掩盖畜肉的异味，减少酸味、咸味等，还能让食客食欲大开。鱼露属于高蛋白、低脂肪、低胆固醇、热量较低、高盐分产品，减肥期间可以适量食用。

# 中渡柴火粉——奇妙的舌尖体验

柴火粉是中渡人的传统美食，因其粉、汤、配菜和烤肉的制作过程都要用到柴火做燃料而得名。中渡是商贸重镇、千年渡口，商人巨贾往来不断，一碗中渡柴火粉慰藉了多少他乡异客的心。徘徊在中渡古街上，依然可见旧时的繁华，柴火粉正是依托中渡的发展、过客的品鉴，成为传承上百年的舌尖美味。

## 制作食谱

中渡柴火粉嫩滑弹牙，洁白的米粉、嫩绿的韭菜配上酸辣可口的豆角、脆香的花生米，搭配上精心烤制的叉烧、香肠或脆皮五花肉，最后再浇上一勺用柴火熬制的骨头汤，美味尽在其中。叉烧、香肠、脆皮五花是中渡柴火粉的 3 张王牌，而脆皮五花最为食客喜爱。将腌制好的五花肉，放入滚烫的瓦罐内，经过 6 个小时的烤制后，五花肉的水分被烤干，排出了多余的油脂，变得香脆可口。

**柴火熬制骨头汤**

中渡柴火粉

小贴士

　　柴火大会使铁锅升温较快，锅中水沸腾后，把柴火粉一圈圈送入沸腾的水中，抖散，掌握火候和煮粉时间，及时捞出柴火粉，保证其口感。

# 寨沙头菜——香脆可口，享誉八桂

寨沙头菜历史悠久，是寨沙四大特产之一，每年都有较大的栽培面积。寨沙头菜从种植到腌制采用传统无公害生产工艺，已被列入鹿寨县第三批县级非物质文化遗产名录。寨沙头菜为地方特色品种，球茎呈椭圆形，经过洗净、切片、晾晒、搓盐等工序后，用容器密封腌制数月，腌制好的头菜呈翠棕黄色，酸甜脆爽，香味浓郁，头菜密闭封存可贮留1年。

寨沙镇农户通过"稻—稻—菜"的种植模式发展头菜种植，种植的品种以当地农户自留的头菜品种为主，采用育苗盘育苗技术进行育苗、稻草还田覆盖种植技术进行种植，全程施用农家肥、有机肥，使用食盐对头菜进行腌制，充分确保食品安全。

## 制作食谱

原料：大头菜10千克、食盐15千克、精盐5千克、五香面300克、醋500克。

①将洗净的头菜去除根、须，然后横着切上3道，深度为头菜的三分之二，放置缸中，用食盐腌制3天取出，晒干。

②将精盐炒熟，与五香面、醋均匀搅拌在一起。

③将精盐混合物和晒干的头菜掺拌均匀，放入坛中，封坛放置7天即可。

寨沙头菜种植地

寨沙头菜炒肉

小贴士

①将头菜连根拔起，洗净、切片、晾晒、搓盐，密封腌制数月，成品色泽鲜黄，风味浓郁。

②头菜性热，故可温脾暖胃、利尿除湿。富含维生素 A、维生素 C、维生素 K、钙、叶酸。

③用食盐腌制可去其芥辣口感，可加糖生食，也可加入肉类或年糕等食物进行烹饪。

## 鸡矢藤面——老石磨磨出的好味道

我国素有医食同源的说法，鸡矢藤有一种特殊的清香气味，民间常于农历三月初三前后，采集鸡矢藤叶做成糍粑食用，既取其清香气味，也可以取其驱虫及抗应激反应的功效。鸡矢藤是一种类似于爬山虎的藤本植物，会伴着阳光和水分疯长，把叶子揉碎了会闻到淡淡鸡粪的味道，故而得名。要吃上一碗鸡矢藤面，得经过十几道手工工序。过去没有碾米机，做一顿鸡矢藤面，光将藤叶与大米舂磨成粉，就得花上 1～2 个小时。现在制作条件虽然好了，很少再用手工舂米磨粉，但其他工序仍需人工把鸡矢藤和着大米以滚烫的开水打磨成黏稠状面团，人们再根据自己的喜好，将它捏成各种形状等待下锅。

究竟是谁敢于第一个把这种鸡粪味道的怪植物当成食物呢？曾听当地老一辈人讲，以前物资匮乏的年代，人们为了能填饱肚子可谓是费尽苦心。村里一些体弱多病的老人为节约粮食，随手摘了鸡矢藤叶子，和为数不多的米粒混用，用石磨打磨成粉，揉成团，煮熟之后发现不但没有了鸡粪的怪味，反而越嚼越香。体弱的老人常吃可强身健体，消除疾病。

### 制作食谱

广西传统习俗将鸡矢藤叶晾干，糯米泡发，与鸡矢藤叶一同磨成粉，拌入糖水，搓成粉团，做成鸡矢藤面。

鸡矢藤叶和鸡矢藤面

小贴士

　　鸡矢藤也可与牛奶、椰奶、红糖搭配出不同风味。它甘凉可口，别有风味，是广西人喜爱的特色小吃。据《纲目拾遗》记载，鸡矢藤具有祛风除湿、消食化积、解毒消肿、活血止痛之功效。

## 把荷鱼丸——别具一格，味道深受人们青睐

把荷鱼丸，是广西天等县知名风味小吃，滑嫩爽脆，营养均衡，清爽不腻，别具一格，深受人们青睐。根据《稗史汇编》记载，秦始皇喜好吃鱼，他每日餐食中必要有鱼，且不能有刺，好些御厨因此丧命。制作鱼汤，担心有咒皇帝"粉身碎骨"之嫌。某御厨见鱼胆怯发狠，就用刀背剁鱼发泄。后惊讶地发现，鱼刺鱼骨自动显露出来，鱼肉被剁成了茸状。此时，宫中传膳，御厨拣出鱼刺，将鱼茸挤成鱼丸，丢入已烧沸的汤中，氽成丸子。不一会儿，色泽洁白、柔软晶莹、尝之鲜嫩的鱼丸浮于汤面，秦始皇品尝后，极为称赞，下令嘉奖。后来从宫廷流传民间，称为"氽汤鱼丸"。

### 制作食谱

选用垌列河鲤鱼为原料，刮鳞剖腹去内脏，鱼肉切薄片，先用刀背将鱼肉捣软，后放入石臼里，用木槌舂成肉泥。舂肉是做鱼丸的一道严格的工序，舂少了，鱼丸表面粗糙，黏不牢，一下水就会松散，口感不佳，因此必须把肉舂成棉絮状的肉泥。棉絮状肉泥做成的鱼丸，不但易揉搓，黏性好，而且清爽脆口。舂好的肉泥不需配任何除腥配料，只需加入适量的豆粉、盐拌匀备用，放入汤中氽熟即可。

把荷鱼丸

小贴士

　　把荷鱼丸即做即吃，可与鱼头、猪肠粉、腐竹、水豆腐、银耳、香菇、酸笋和南瓜花等煮汤，做好的汤风味独特，十分可口，多吃不腻，是席上的美味佳肴。亦可将鱼丸隔水蒸熟后，与姜丝、葱末、西红柿和香油等做成的卤汁拌匀食用，令人食欲大振。